钢筋与混凝土高温后粘结

Bond of Steel Bar in Concrete After Elevated Temperatures

赵卫平　著

中国建筑工业出版社

图书在版编目（CIP）数据

钢筋与混凝土高温后粘结/赵卫平著. —北京：中国建筑工业出版社，2019.8（2020.12重印）
ISBN 978-7-112-23935-1

Ⅰ.①钢… Ⅱ.①赵… Ⅲ.①钢筋混凝土结构-研究
Ⅳ.①TU375

中国版本图书馆CIP数据核字（2019）第131432号

责任编辑：戚琳琳 刘颖超
责任设计：李志立
责任校对：党 蕾

钢筋与混凝土高温后粘结

赵卫平 著

*

中国建筑工业出版社出版、发行（北京海淀三里河路9号）
各地新华书店、建筑书店经销
北京科地亚盟排版公司制版
北京建筑工业印刷厂印刷

*

开本：787×1092毫米 1/16 印张：9¼ 字数：188千字
2019年10月第一版 2020年12月第二次印刷
定价：**45.00**元

ISBN 978-7-112-23935-1
（34231）

目　　录

第1章　绪　　论

1.1　研究背景

混凝土是由骨料、胶凝材料、水及其他掺合料组成的多相混合体。这种“人造石”弥补了天然石材运输难、切割难等缺点。钢筋混凝土是在素混凝土中配置了钢筋，混凝土主要承受压力，钢筋承受拉力，这样就弥补了混凝土抗拉、抗剪强度低的弱点，发挥了混凝土抗压能力强的优势，因此，钢筋混凝土的发明是人类建筑史上的一次巨大革命。钢筋和混凝土两种材料能够共同工作、共同承受荷载的前提是钢筋和混凝土之间有较好的粘结作用，粘结作用实质上是钢筋与外围混凝土之间的一种复杂的相互作用，通过粘结作用实现了混凝土和钢筋两者之间应力、变形的协调，粘结性能的退化必然导致钢筋混凝土结构力学性能的降低[1]。粘结性能是钢筋混凝土结构最基本力学性能之一，因此自钢筋混凝土诞生时就已经开始研究。粘结试验迄今已有上百年的历史，但由于影响粘结的因素很多，破坏机理复杂以及试验技术方面的原因等，目前有关粘结的某些基本问题仍没有得到很好的解决。此外，高强度变形钢筋的推广带来了新的问题，外围混凝土的劈裂成为粘结破坏的主要危险。采用高强度、大直径变形钢筋具有节约钢材、便于施工等优点，因此，各国都相继推广使用。高强钢筋与混凝土之间的粘结性能是发挥钢筋强度的关键，这就促使各国学者对各种类型钢筋的粘结性能进行广泛研究。

我国对粘结问题的研究始于20世纪70年代中后期。虽然对钢筋和混凝土之间的粘结已有了很多研究成果，但因为粘结作用属于局部应力状态，应力应变分布复杂，加上影响因素较多以及新材料的发展，目前研究尚存不足。因此，结合新型建筑材料对粘结问题进行系统研究仍然十分必要。经过几十年的发展，τ—s本构关系的研究方法、测量手段有了较大的进步，纵观其研究历程大约经历了两个发展阶段：①最初的试验数据回归，经验表达式（参考文献多见于1960～1985年）；②在试验的基础上建立理论分析模型，得出粘结—滑移关系曲线（文献多见于1985年至现在）[2]。

随着国家973项目“新一代钢铁材料重大基础研究”所属课题“超细晶粒钢生产技术研究”的立项，细晶粒钢在建筑结构中的推广应用成了目前建筑领域的研究热点[3]。2018

年11月开始执行的新标准《钢筋混凝土用钢 第2部分：热轧带肋钢筋》GB/T 1499.2—2018已将“热轧细晶粒钢筋”（简称为“细晶粒钢筋”）纳入，并增加了HRBF335、HRBF400以及HRBF500三个牌号[4]。细晶粒钢筋作为新一代钢铁结构先进材料，与传统的热轧钢筋化学成分相同，通过在热轧过程中进行控制轧制温度和冷却速度，得到细晶粒组织，在与传统的热轧钢筋强度相当的情况下延伸率有较大的提高[5]，如图1.1所示。

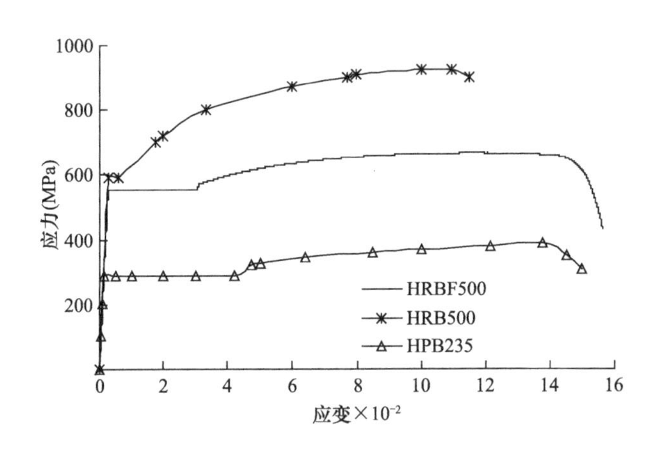

图1.1 常温下钢筋应力—应变曲线

常温下，500MPa细晶粒钢筋（HRBF500）的延伸率要优于同强度的普通热轧钢筋（HRB500），与HPB235的普通热扎钢筋相当，但极限强度比HRB500钢筋有所降低，即强屈比减小。有关细晶粒钢筋的生产工艺与焊接性能的研究表明，高温作用会使热影响区的晶粒变大，从而引起有关性能下降[6]。随着经济的发展，建筑防灾越来越被社会重视，但国内外对高温后细晶粒钢筋与高性能混凝土的粘结—滑移关系研究相对缺乏。书中将抓住高温后这一特殊环境条件，通过试验研究、数值模拟和理论分析等手段对高性能混凝土和细晶粒带肋钢筋间高温后的粘结性能进行研究。

1.2 钢筋与混凝土之间的粘结性能研究回顾

1.2.1 试验研究方法

近年来，各类高强钢筋的发展和应用，使粘结问题的重要性日益突出。由于高强钢筋的较高工作应力，只有在粘结得到保证时才能充分利用。于是，提出了这样的问题，如何合理的评价各类钢筋的粘结性能并确定其适用强度？为此，需要建立基本的试验方法。但是拟定基本试验方法的困难，不仅在于粘结强度受到很多因素的影响，而且粘结问题本身的复杂性，往往一种方法不足以全面反映钢筋粘结性能的优劣。选择粘结试验方法的本身就是一个在不断探讨中的课题[7]。目前采用最多的粘结试验，按其目的可分为三种类型[8]：1）第一类是中心拔出试验。通常用来作为对各种类型钢筋的粘结性能进行相对比较的试验方法。2）第二类是梁式试验或模拟梁式试验。用来测量剪力或弯矩作用下钢筋与混凝土之间的粘结性能。3）第三类是两端对拉试验。主要考察裂缝间的钢筋与混凝土之间的粘结性能。

（1）中心拔出试验

拔出试验的试件包括两种类型：一种是无横向配筋试件，试件截面尺寸与钢筋直径保持一定比例。图 1.2（*a*）为 RILEM-FIP-CEB（国际建筑材料与结构试验联合会—国际预应力混凝土协会—欧洲混凝土委员会）所建议的试件构造。

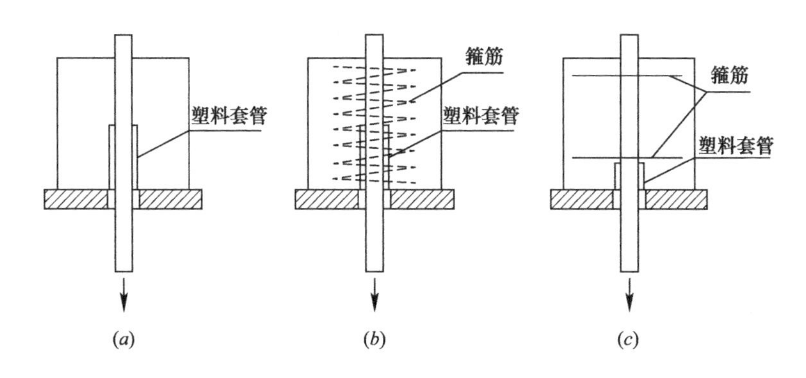

图 1.2 中心拔出试件

（*a*）无横向配筋；（*b*）有横向配筋；（*c*）双肢箍筋

试件是以 10 倍钢筋直径 d 为边的立方体（$c/d=4.5$），钢筋埋长的一半为无粘结长度，这是为避免承压板端部局部破坏的影响。当粘结应力较强时，这种试件常发生劈裂破坏。部分学者指出，这种试件不能反映钢筋粘结性能的全过程。另一种是横向螺旋筋试件，如图 1.2（*b*）所示。此外，国内的李杰和高向玲等对 RILEM-FIP-CEB 建议的拔出试件进行改进，采用配有双支箍筋的拔出试件，如图 1.2（*c*）所示。拔出试件所提供的数据为平均粘结应力、自由端滑移量及加载端滑移量。由于测量加载端滑移量的装置相对复杂，而且不容易保证精度；不同的标准评价钢筋粘结性的指标也存在区别。例如，ASTM（美国材料与试验协会）取加载端滑移量，英国及日本均取某一自由端滑移量（基准滑移量）时的粘结应力来进行比较。

（2）梁式粘结试验

拔出试件由于制作简单、试验操作方便被广泛的采用，但是却不能反映梁中锚固区存在的弯矩及剪力共同作用的影响，因此，发展了各种各样的梁式试件。

图 1.3 为 RILEM-FIP-CEB 建议的梁式粘结试件[9]。试验梁分为两半，用钢铰及钢筋

相连接，钢筋的粘结长度为 $10d$，钢筋的加载端及支座处各有一段无粘结区域，这是为了防止加载端的局部破坏和支座反力的影响，同时埋长较短，使粘结应力的分布更为均匀。RILEM-FIP-CEB 建议的梁式试验表明，拔出试验的极限粘结强度 τ_u 较梁式试验的为大，主要原因包括两点：1）拔出试件的相对保护层厚度比梁式试验大；2）梁式试件的粘结长度比拔出试件大，而粘结应力的不均匀分布导致平均粘结应力降低。

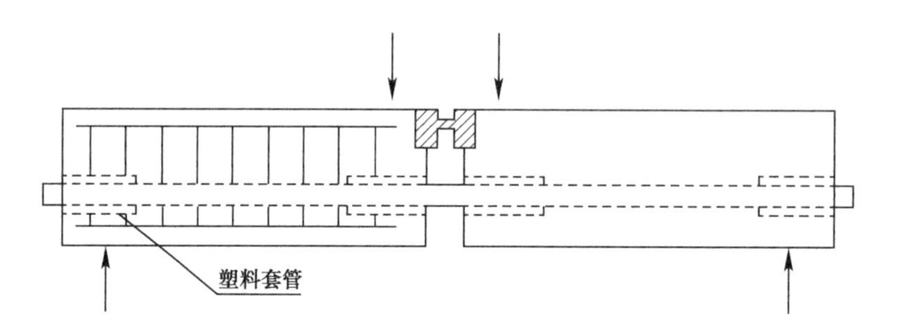

图 1.3　梁式试验

图 1.4 为模拟梁剪跨区的半梁式试件[10]。这种试验方法比 RILEM-FIP-CEB 建议的梁式试件的制作及安装均较简便，而且具有很大的灵活性，可以随意调整弯矩与剪力的比值，甚至是施加销栓力。大直径变形钢筋配筋的梁，剪跨区混凝土的纵向劈裂是一种极其复杂的现象，这种裂缝通常对粘结作用起控制作用。因此，部分学者指出粘结应力或极限粘结强度的取值标准应考虑粘结劈裂的出现。虽然影响剪跨区纵向劈裂的因素很多，其中最主要的是粘结和剪力的相互作用，很多学者采用半梁式试件进行了大量有关这方面的研究。

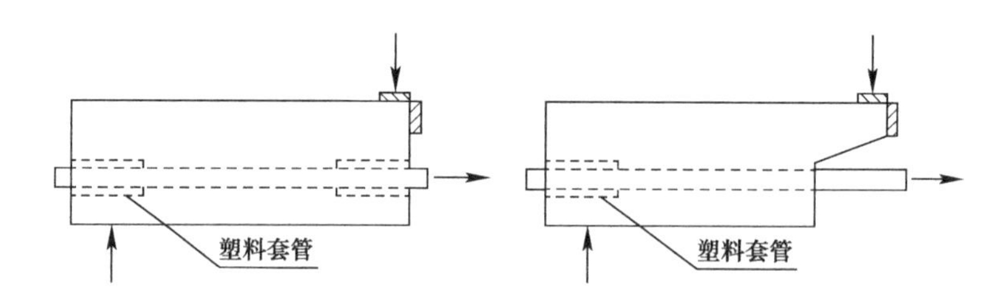

图 1.4　半梁式试验

（3）两端对拉试验

为了测量混凝土裂缝间的粘结性能，常采用图 1.5 所示的两端对拉试件。美国学者 Mains[11] 于 1951 年首次采用将钢筋开槽贴应变片的方法，测出了沿钢筋长度方向粘结应力的分布情况。为得到沿钢筋长度方向每一点的应力随拉力的变化情况，并减小测量误差，常采用将钢筋剖开、铣槽贴应变片的方式。为了减少钢筋截面的损失，确保合拢后钢筋保持原直径，截取钢筋的两端，各铣去一半，另一半加工成型。并在剖开的钢筋上由铣床加工出精密的凹槽，以便在钢筋的内部贴应变片。贴应变片之前先将贴片处剖光、磨平，然后用502胶粘贴应变片，左后用703胶合剂密封，应变片导线沿钢筋的铣槽从两端分别引出。图1.6是钢筋剖开、开槽及贴好应变片的情况。将剖开的钢筋用环氧树脂灌满整个凹槽，浇筑前用丙酮洗去钢筋表面环氧树脂即可。但该方法不能测量锚固长度内每个位置的滑移，因此不能直接得到每个锚固点上的局部粘结—滑移曲线。利用测得的自由端和加载端的滑移值，加上钢筋内各点的应力，可通过微段的平衡来近似推算，从而间接地得到锚固长度内每一点的粘结滑移曲线。但因钢筋周围混凝土的变形相当复杂，精确的计算还很难，只能利用假设来简化考虑，故该方法只能得到近似结果。改进后的做法是采用光学方法[37]观测钢筋混凝土交界面上的相对滑移，从而可得到精确的粘结滑移曲线。

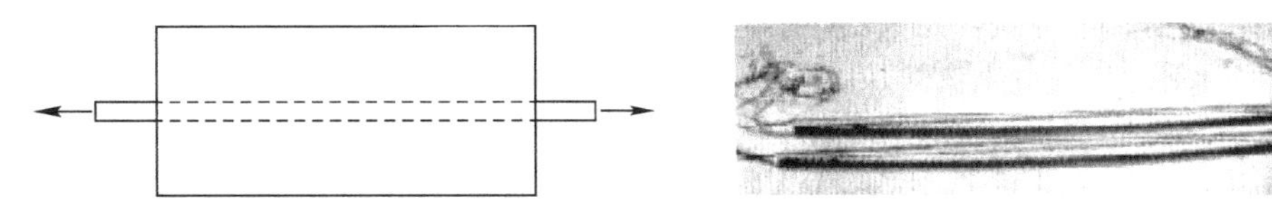

图1.5　两端对拉试验　　图1.6　钢筋的铣槽及贴片

（4）其他试验

粘结问题研究的最大困难之一是无法直接观察钢筋与混凝土之间咬合作用引起的内裂缝和破坏过程，因而影响了对粘结机理的深入了解。因此除了上述三大类粘结试验外，Tassios、徐有邻和蒋大骅[12]~[14]等学者还设计了咬合作用观察试验，该类试验可以观察咬合作用引起的裹握层混凝土内裂发展，局部破坏及锚固失效的全过程，图1.7为咬合作用观察试验的试件[13]。日本学者Goto[15]采用灌入红墨水的方法观察了拔出试验的内裂发展过程。

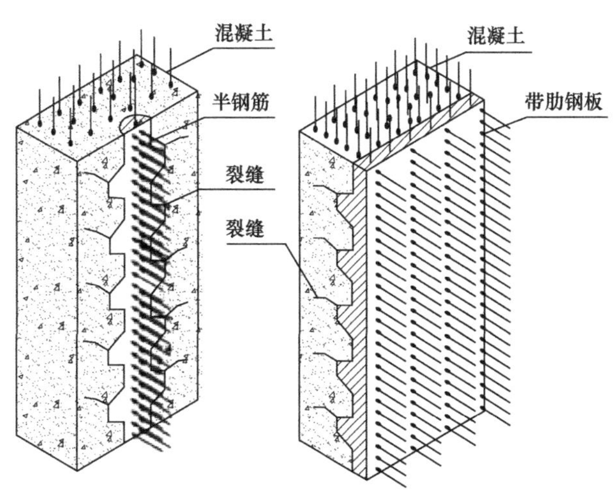

图1.7　咬合作用观察试验

钢筋和混凝土之间的粘结力由 3 部分组成：1）混凝土中水泥胶体在钢筋表面产生的化学粘着力或吸附力，其抗剪极限取决于水泥的性质和钢筋表面的粗糙程度。当钢筋受力发生变形后粘着力就丧失了。2）周围混凝土对钢筋的摩阻力，当粘着力破坏后发挥作用。它取决于混凝土是否发生收缩或者荷载和反力等对钢筋的径向压应力以及二者的摩擦系数等。3）钢筋表面粗糙不平，或变形钢筋凸肋和混凝土之间的机械咬合作用，即混凝土对钢筋表面斜向压力的纵向分力。其极限值受混凝土抗剪强度的控制。实际上，粘结力的三部分都与钢筋表面的粗糙度和锈蚀程度密切相关，传统试验方法很难严格区分，而且在钢筋的不同受力阶段，荷载（应力）的加卸等各部分粘结作用也有变化。1961 年，德国的 Rehm[16]率先提出了测量钢筋表面粗糙度的方法；1990 年，徐有邻采用类似的装置对不同锈蚀程度的轧制钢表面粗糙度进行了测量，试验装置如图 1.8 所示[13]。

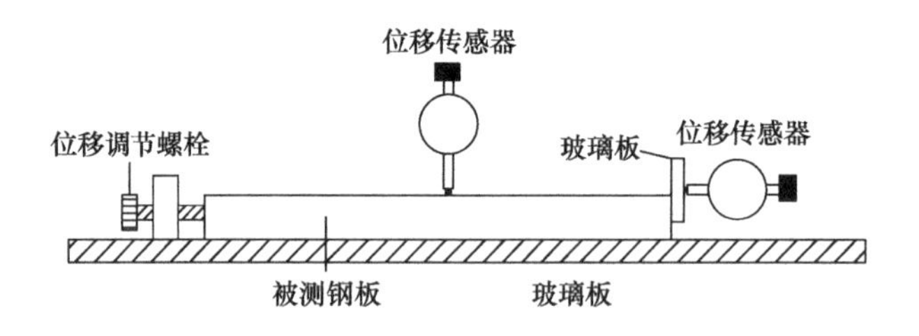

图 1.8　测量表面粗糙度的试验

此外，徐有邻还测量了轧制钢和混凝土之间的切向胶结力及二者之间的摩擦系数。胶结剪切试验如图 1.9 所示[13]，加载至钢板脱落并以当时的荷载 P 和胶结面积 A 求得平均胶结剪切强度 τ_a。

$$\tau_a = \frac{P}{2A} \tag{1.1}$$

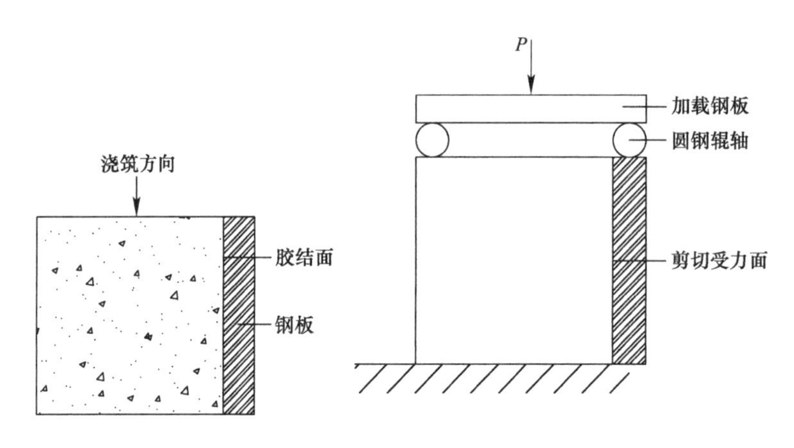

图 1.9　胶结剪切试验

由于滑移是瞬间发生的过程，故摩擦阻力为粘结摩阻力。徐有邻用试验测量钢材与混凝土之间摩擦系数的装置如图 1.10 所示。将已经胶结剪切试验而脱落的钢板按原位置于混凝土块上并压上重力为 W 的铁砝码。通过钢丝—滑轮系统（效率 $\eta=0.90$）均匀加力至发生相对滑移。记录拉力 F，则摩擦系数 f 可以由下式求得：

$$f=\eta\frac{F}{W} \tag{1.2}$$

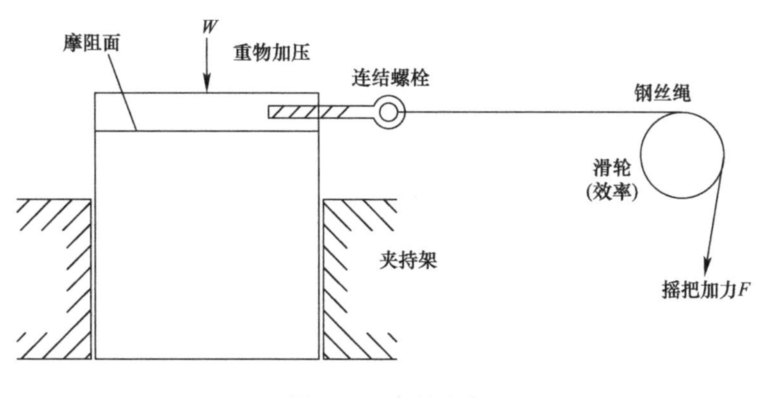

图 1.10 摩阻试验

以钢板代替钢筋进行胶结摩阻试验，由于均为轧制表面，故基本反映了胶结摩阻作用的规律。胶结摩阻是光圆钢筋粘结锚固力的来源，变形钢筋尽管咬合力已成为主要因素，但胶结摩阻仍有相当影响。对比试验表明，涂蜡消除摩阻的月牙纹钢筋，滑移发生较早且锚固强度显著降低[17]。

1.2.2 钢筋与混凝土的粘结—滑移本构关系

钢筋混凝土粘结—滑移的关系是钢筋混凝土结构有限分析中的基本条件之一，它直接影响计算结果的准确性。有关粘结—滑移的本构关系，经过了众多学者的试验研究和改进，现将粘结—滑移本构的经验表达式总结如下。

（1）单一的表达式

1966 年 Lutz[18]根据特制的单个肋条的钢筋拔出试验得到粘结应力—滑移的关系式为：

$$\tau=0.75\times10^{6}s \tag{1.3}$$

式中：滑移的单位是 in.，粘结强度的单位是 psi。

1971 年 Nilson[19]提出的粘结—滑移的关系式中明确提出了粘结应力与加载端的位置有关，具体表达式如下：

$$\tau=3100(1.43x+1.50)s\sqrt{f_{c}'} \tag{1.4}$$

在应用上式时要求粘结应力 $\tau\leqslant(1.43x+1.50)\sqrt{f_{c}'}$，$x$ 为所研究点到加载点的距离，单位为 in.。s 的单位是 in.，f_{c}'的单位为 psi。

1979 年 Houde[20]等认为粘结应力与加载端的位置无关，粘结—滑移的关系式：

$$\tau=(1.95\times10^{6}s-2.35\times10^{9}s^{2}+1.39\times10^{12}s^{3}-0.33\times10^{15}s^{4})\sqrt{\frac{f_{c}'}{5000}} \quad (1.5)$$

s 的单位是 in.，f_{c}' 的单位为 psi。

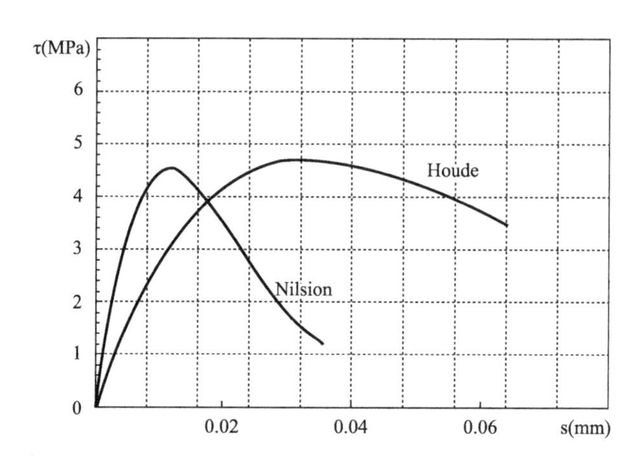

图 1.11　Nilsion 和 Houde 粘结—滑移模型

1981 年，东南大学的狄生林[21]通过对试验数据的统计分析得到的粘结—滑移关系表达式：

$$\tau=67.17\times10^{3}s-21.72\times10^{6}s^{2}+2.19\times10^{9}s^{3} \quad (1.6)$$

式中，粘结应力 τ 的单位是 $\mathrm{kgf/cm^2}$，滑移 s 的单位是 cm。

1984 年，同济大学的蒋大骅[14]教授在梁式试验的基础上，并通过理论分析和有限元计算，得到粘结应力为沿长度分布的二次曲线的表达式：

$$\tau=\tau_{0}\left[1-\left(1-4\frac{x}{l}\right)^{2}\right] \quad (1.7)$$

式中：$\tau_0=0.034\sigma_s(1-0.001\sigma_s)$；$\sigma_s$ 为钢筋端部的应力，单位 MPa，粘结应力 τ 的单位 MPa，l 为粘结长度，单位为 mm。

1985 年，东南大学的金芷生[22]等对钢筋混凝土受弯构件纯弯区域内梁中主裂缝间钢筋与混凝土的粘结性能进行了研究，建立了粘结应力—滑移间的关系式如下：

$$\tau=14.9\times10^{3}s-1.16\times10^{6}s^{2}-0.07\times10^{9}s^{3} \quad (1.8)$$

粘结应力 τ 的单位是 $\mathrm{kgf/cm^2}$，滑移 s 的单位是 cm。

同年，清华大学的滕智明[23]教授在分析粘结本构的过程中，提出粘结应力不仅和所研究点的滑移量有关，而且和所研究点的位置有关：

$$\tau=0.381\frac{c}{d}f_{t}F_{1}(s)F_{2}(x) \quad (1.9)$$

公式(1.9) 中：$F_1(s)=(43.25s-215.95s^{2}+535s^{3}-508s^{4})(1.524-0.741s)$　(1.10)

$$F_2(x)=\sqrt{4\frac{x}{l_a}\left(1-\frac{x}{l_a}\right)} \tag{1.11}$$

公式（1.11）中 l_a 为粘结长度。

1987 年，大连理工大学宋玉普和赵国藩[24]采用钢筋开槽，内贴应变片的方法，对钢筋混凝土间的粘结滑移性能进行了试验研究，考虑了材料性能、钢筋保护层厚度、裂缝间距及所研究点离开裂缝截面的距离等，建立了相应的粘结应力与滑移的关系式：

$$\tau=\frac{2\pi A_s E_c \sin\frac{2\pi x}{l_{cr}}(25.36\times10^{-1}s-5.04\times10s^2+0.29\times10^3s^3)}{\sum_0 l_{cr}\left(\frac{A_s}{2ab}+\frac{E_c}{E_s}\right)\left(\frac{l_{cr}}{2}-x-\frac{l_{cr}}{2\pi}\sin\frac{2\pi x}{l_{cr}}\right)} \tag{1.12}$$

式中，$\sum_0$ 为钢筋单位长度上的表面积，l_{cr} 为裂缝间距，E_s 和 E_c 分别是钢筋和混凝土的弹性模量，A_s 是钢筋截面积，a 是钢筋重心至梁底的距离，b 是梁宽。

加纳的 Kankam[25]于 1997 年根据两端对拉试件的试验结果，得到对于各类不同钢筋的粘结应力—滑移关系式分别为：

对于光圆钢筋：

$$\tau=(41.7-0.2f_s)s^{0.8} \tag{1.13}$$

对于冷加工钢筋：

$$\tau=(55-0.5x)s^{0.8} \tag{1.14}$$

对于热轧钢筋：

$$\tau=(35-0.3x)s^{0.5} \tag{1.15}$$

粘结应力 τ 的单位是 N/mm^2，距离加载端距离 x 的单位是 mm，滑移 s 的单位是 mm。

（2）分段表达式

1990 年，中国建筑科学研究院的徐有邻[28]等，将粘结—滑移关系曲线的全过程分为五段：胶结段、强度上升段、强度峰值段、强度下降段和强度稳定段；并提出了考虑沿锚固深度变化的分段式粘结滑移本构关系，即在基本的粘结滑移本构关系曲线之前乘以位置函数，如下式：

$$\tau=\phi(s)\cdot\psi(x) \tag{1.16}$$

$\phi(s)$ 为粘结—滑移基本关系，$\phi(\tau)$ 曲线的形式如图 1.12；$\psi(x)$ 为粘结强度沿锚深变化的位置函数，如图 1.13 所示。

美国的 Alsiwat[27]等于 1992 年提出局部粘结—滑移的图示关系如下式，这一模式是考虑众多的试验数据后得到的。粘结应力—滑移关系曲线上升段的表达式：

$$\tau=\tau_u\left(\frac{s}{s_1}\right)^{0.4} \tag{1.17}$$

下降段为斜直线，具体数值见图 1.14。

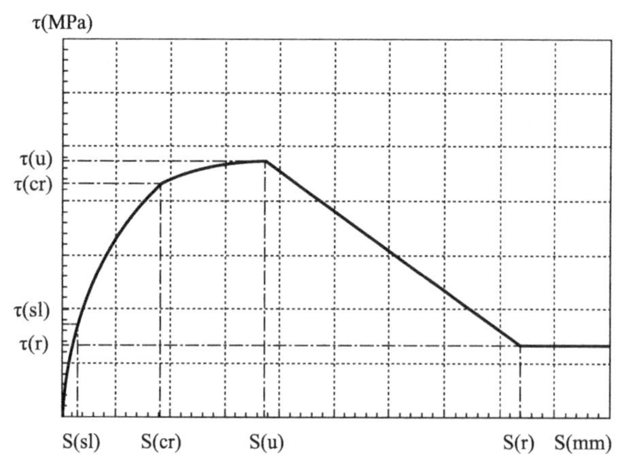

图 1.12　粘结—滑移基本关系曲线形式[28]

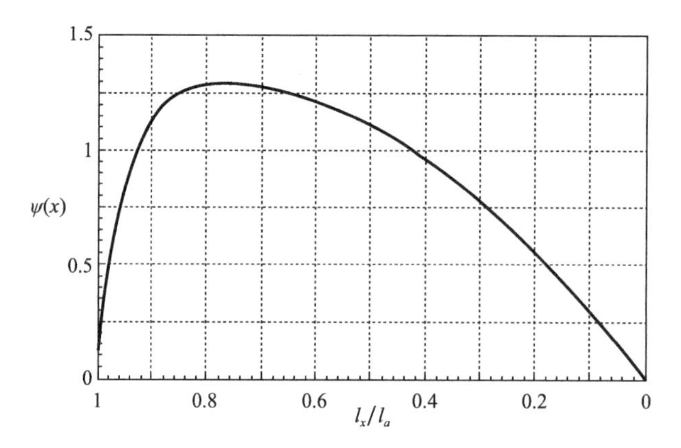

图 1.13　粘结锚固位置函数[28]

式中，$\tau_u=\left(20-\frac{d_b}{4}\right)\sqrt{\frac{f'_c}{30}}$，$s_1=\sqrt{\frac{f'_c}{30}}$，$s_2=3.0$，$s_3$＝钢筋肋条间净距，$f'_c$为混凝土抗压强度。

黎巴嫩的 Haraji[26] 于 1994 年提出变形钢筋与混凝土（包括纤维增韧混凝土）的局部粘结应力—滑移的关系式如图 1.15 所示。

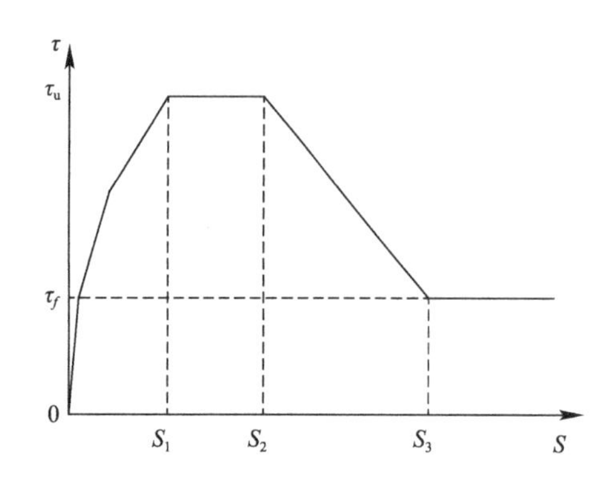

图 1.14　Alsiwat 粘结应力—滑移关系

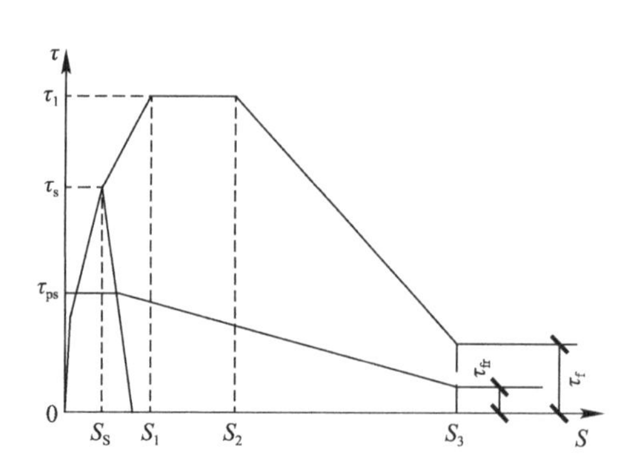

图 1.15　Haraji 粘结—滑移关系

对于拔出型粘结破坏，其上升段的表达式：

$$\tau=\tau_1\left(\frac{s}{s_1}\right)^{0.3} \tag{1.18}$$

残余粘结强度的大小为：

$$\tau_f=0.35\tau_1 \tag{1.19}$$

式中，$\tau_1(psi)=31\sqrt{f_c'}$，$s_1=0.15c_0$，$s_2=0.35c_0$，$s_3=c_0$，$c_0$ 为钢筋肋条间净距，f_c' 为混凝土抗压强度。

对于劈裂型粘结破坏，分段的表达式如下：

$$\tau_s=\left(3.0+3.5\frac{c}{d_b}\right)\sqrt{f_c'}\leqslant\tau_1 \tag{1.20}$$

$$\tau_{ps}=4.0\sqrt{f_c'}\frac{v_f l}{d_f}\frac{c}{d_b} \tag{1.21}$$

$$\tau_{fr}=0.3\tau_{ps} \tag{1.22}$$

τ_s、τ_{ps}、τ_{fr}分别表示劈裂，劈裂后和减小的摩擦粘结抗力，v_f 为纤维体积含量，l/d_f 为纤维长度与纤维直径的比值。在这些关系中，劈裂后的应力—应变关系没有采用垂直向下的直线段。

1.2.3 粘结—滑移本构的理论分析模式

钢筋与混凝土界面受力复杂、影响因素诸多，目前有关粘结—滑移的理论分析模式基本上是半理论半经验型的。

仅根据试验结果很难得到有关粘结—滑移的准确数学模式，1981年，Somayaji 和 Shah[29] 根据力的平衡、钢筋和混凝土的应力—应变关系、滑移与钢筋和混凝土的应变之间的关系建立微分方程。为使方程的解能更好地满足边界条件，更好地与试验结果吻合，Somayaji 等对微分方程的解予以了适当修正，得到局部滑移量值关于埋置长度 x 的函数关系式如下：

$$s_x=Ae^x+Ae^{-x}+C\frac{x^2}{2}+Dx+E \tag{1.23}$$

s_x 为所考虑点的滑移，x 为所研究的截面到开裂截面的距离，A、B、C、D、E 为常数，与传递长度、裂缝平均间距、钢筋的名义应变有关。

Yankelevsky[30] 于 1985 年建立了一种构造模式用以计算未开裂混凝土和变形钢筋粘结作用，如图 1.16 和图 1.17 所示，混凝土的反力由斜向受压单元、与钢筋垂直的圆盘面、纵向受拉钢筋组成。根据变形协调，建立以钢筋拉力为变量的二阶微分方程，并结合边界条件，得到粘结应力沿钢筋纵向 x 的函数关系式为：

$$\tau=-\frac{\beta F_0}{\pi d}\cdot\frac{A_c}{A_c+nA_s}\cdot e^{-\beta x} \tag{1.24}$$

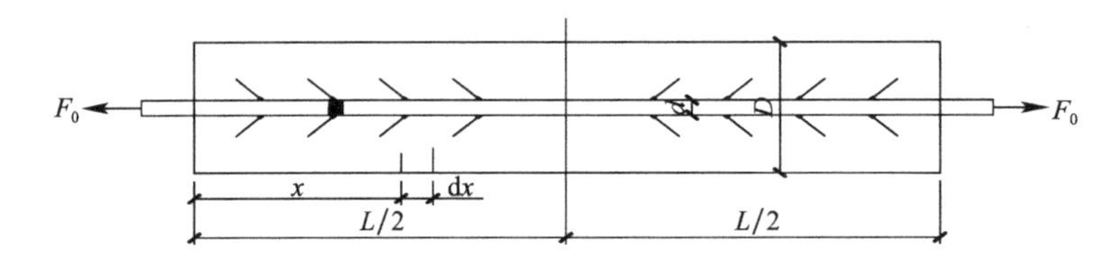

图 1.16　钢筋受力图

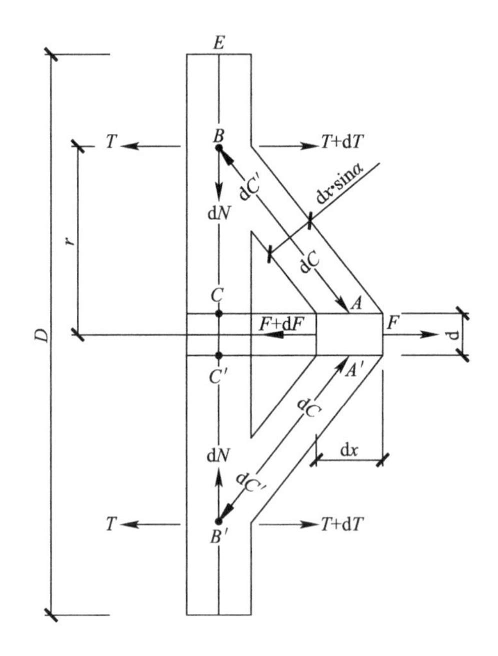

图 1.17　分析模式

钢筋应变沿钢筋纵向 x 的函数关系式为：

$$\varepsilon = \sigma_0 [0.3666 + 4.3953 e^{-x/8.83}] \times 10^{-6} \tag{1.25}$$

式中，F_0 为施加的拉力，$\sigma_0 = F_0/A$，β 为无量纲参数，$\beta = \sqrt{A_2/A_1}$，A_1、A_2 为常数。A_1 与混凝土的弹模、圆柱体直径与钢筋直径的比值、钢筋肋部的倾斜角有关；A_2 与钢筋和混凝土的面积、弹模有关。

1.2.4　国内外关于粘结—滑移的数值模拟研究

Ngo 和 Scordelis[31] 于 1967 年建立了第一个关于钢筋与混凝土粘结问题的有限元模型。1968 年，Bresler、Bertero 和 Nilson[32]~[33] 提出用线性和非线性弹簧模拟钢筋与混凝土的粘结行为，这种“界面层”模型得到了广泛的认可，到现在仍然有广泛的应用。1984 年，Reinhardt[34] 用改进的“界面层”模型模拟了粘结问题，界面层划分成隆起的单元，其外形与钢筋肋形状相符，钢筋和混凝土视为线弹性材料，隆起单元采用弹塑性的受压本构模拟非线性行为，采用拉应力截断的 Mohr-Coulomb 破坏面描述多轴应力下的破坏情况。1992年，Cox[35]等基于对拔出试验数据的分析提出了2D塑性粘结模型，在钢筋周围有限厚度的区域内（根据作者‘Process Zone’），建立了局部滑移量与粘结应力之间的关系。1995年，Mier和Vervuurt[36]提出一种非常特别的有限元模型，模型中采用了20世纪90年代兴起的格构（Lattice）模型，混凝土被规则或随机生成的格构形式“微梁”（根据作者‘Micro Beams’）代替，模型充分考虑了材料的不均匀性。“微梁”的拉、压、弯都采用简单的线弹性本构，通过在各荷载步中移除超过容许应力的“微梁”模拟混凝土和界面的开裂。由于格构是一种基于微观力学性能的模型，而文中参数却是宏观的，因此如何确定“微梁”的几何参数和力学指标十分困难；此模型自身的简洁性使其具有很好的应用前景，但是微观格构能在多大程度上描述宏观混凝土或砂浆仍存争议。2003年，李杰和高向玲[37]采用不连续介质力学的界面单元法对粘结性能进行了细观力学分析，模型假定块体元的变形累积于界面，成功的描述了接触面上的错位、滑移、张开度，计算结果与试验结果吻合良好。

近年来，商业有限元软件日臻完善，在前处理、运算功能和后处理方面均表现出较强功能。ANSYS中内含的多种单元类型和材料本构模型为混凝土结构仿真提供了理论平台，正逐渐成为结构理论研究和工程应用的常用工具软件[38]~[39]。1991年，Hemmaty[40]首次用ANSYS中的非线性弹簧单元（COMBIN39）对钢筋与混凝土粘结滑移问题进行数值模拟。国内的王依群[41]和刘佩玺[42]分别在2006年和2007年也用同样的单元（COMBIN39）对此问题进行了数值模拟，这种模拟技术通过在分离式模型中插入非线性弹簧，利用弹簧的力-伸长关系实现对粘结滑移问题的模拟。弹簧的力-伸长关系须在计算之前确定，然后作为单元实常数输入。

1.3 影响粘结滑移性能的因素

研究结果发现，影响粘结性能因素很多，主要有混凝土强度、钢筋外形、保护层厚度、配箍率等[43]。其他的一些因素，如不同的荷载形式、环境侵蚀和火灾（高温作用）等，也会影响钢筋和混凝土间的粘结性能。

1.3.1 混凝土的强度

关于混凝土强度对粘结性能的影响，既有试验和经验多是关于普通混凝土的。然而自从20世纪80年代中期以来，高强混凝土（HSC）在桥梁、高层建筑、港口工程中得到了广泛的应用。影响粘结性能的化学胶着力、摩阻力和机械咬合力都和混凝土强度有关，高强混凝土与钢筋的粘结性能与普通混凝土的是否一样？现有规范、经验直接应用于高强混凝土是否能够满足结构的安全性、适用性和耐久性要求，也就成了研究人员普遍关注的问题。

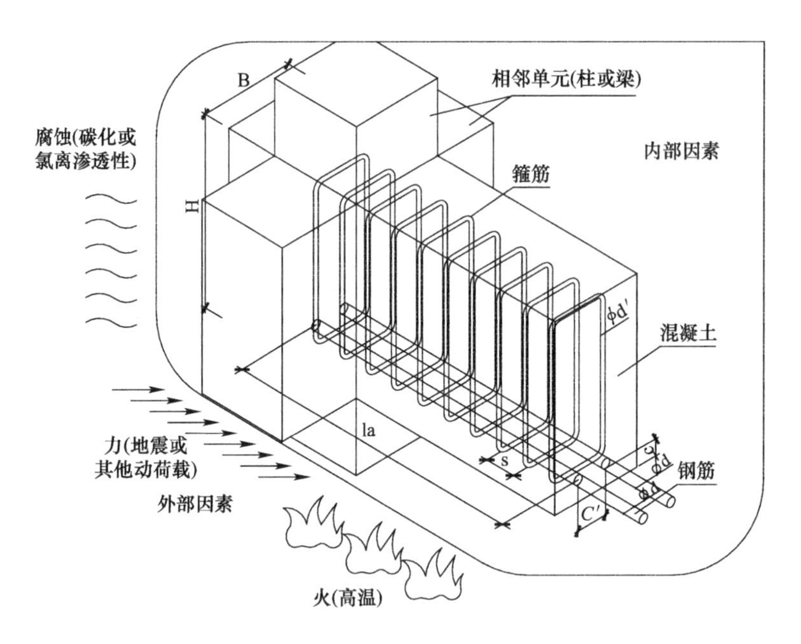

图 1.18　影响粘结性能各因素示意图

1993 年，内布拉斯加大学的 Azizinamini[44] 等针对美国标准 ACI-318-89 中有关钢筋的延伸长度、锚固长度都是针对混凝土强度小于 70MPa 这一情况而制定的事实，研究了高强混凝土（97MPa）与钢筋的粘结性能。Azizinamini 指出，在考虑混凝土强度对高强混凝土与钢筋粘结性能的影响时，采用$\sqrt{f'_c}$较为合理；对于高强混凝土与钢筋的粘结破坏标准应采用强度和延性双重判别条件，不能仅用混凝土抗压强度这一单一指标确定。同时，他的研究还发现了人们通常观念中的一个误区：人们通常认为，增加钢筋延伸长度或搭接长度可以弥补由于混凝土保护层厚度减小或钢筋间距较密对于粘结性能的降低。试验发现，这一观点对于高强混凝土是不成立的。因此，在工程应用中，钢筋必须有足够的保护层厚度，以及钢筋最小净间距的限制。1996 年，美国的 Darwin[45] 指出，在粘结强度的表达式中关于混凝土强度的影响采用$\sqrt{f'_c}$仍不够准确，他不能正确表达混凝土强度在大范围内变化时混凝土强度与粘结应力的关系。对于强度较低的混凝土来说结果偏低，而对于强度较高的混凝土又估计的过高。Darwin 认为用（f'_c）$^{1/4}$来考虑混凝土抗压强度（强度范围为 17MPa～110MPa）对于粘结强度的影响较为合理。同年，Shyh-jiang Hwang[46] 的研究表明，当混凝土的棱柱体抗压强度小于 70MPa 时，混凝土中钢筋的延伸长度和搭接长度可以取同样的值。随着混凝土强度增加，其抗劈裂能力也相应地有所提高，在考虑高强混凝土的粘结强度时应予以考虑；试件中计算所得的粘结强度与锚固长度有密切关系，所以在研究粘结强度时一定要考虑“长度效应”（试件中钢筋与混凝土的粘结区长度）这一影响因素。1998年，伊朗的Esfahani[47]的试验研究表明，对于相同的c/d_b，高强混凝土的τ_u/f_{ct}比普通混凝土的高，出现这一现象的原因是当混凝土强度低时，在钢筋拔出的过程中，混凝土挤压钢筋肋部会形成新的滑移面，该新滑移面的坡度比钢筋肋部的倾角平缓，从而挤压力的水平分量即粘结强度减小。Yerilci等[48]于2000年研究了高性能混凝土（60MPa～90MPa）的抗压强度、钢筋直径、混凝土保护层厚度、箍筋等对高性能混凝土与钢筋的粘结强度和粘结性能的影响。给出了单纯考虑混凝土抗压强度影响时，混凝土抗压强度和平均粘结强度的关系式如下：

$$\tau_u = 0.65(f_c')^{0.69} \approx 0.65(f_c')^{2/3} \tag{1.26}$$

1.3.2 混凝土的组成成分

传统水泥是由水、水泥、沙子和石子组成的多相混合材料，但是随着社会需求的日益提高和材料科学的突飞猛进，常往混凝土中加入高效减水剂、缓凝剂、抗冻剂、早强剂等添加剂；为了改善混凝土的力学性能还常加入硅粉、粉煤灰、磨细矿渣以及各种纤维（包括碳纤维、钢纤维、玻璃纤维及聚丙烯纤维等）。因此，各种添加剂对粘结性能的影响成为很多学者关心的课题。

1986年，Brettmann等[49]研究了混凝土中添加超塑剂（高效减水剂）对于钢筋与混凝土粘结性能的影响。试验中关键的变量是混凝土的密实度、坍落度和钢筋的位置变化。通过研究发现，对于相同的混凝土强度等级，添加高效减水剂后坍落度大的混凝土与钢筋的粘结强度比坍落度小的低[50]~[51]。采用振捣方式浇筑时，可提高坍落度大的混凝土与钢筋的粘结强度。位于底部的钢筋与混凝土的粘结强度明显地高于位于顶部的钢筋。诸多的试验研究证明，对于钢纤维增韧混凝土，由于所采用的纤维种类和数量的不同，其对于钢筋的粘结性能的影响有所不同。当混凝土中添加钢纤维后可提高混凝土的抗拉强度，这对于改善钢筋与混凝土的粘结性能效果明显。对于钢纤维增韧混凝土，当纤维含量从1%增加到3%，粘结刚度增大，极限粘结抗力随钢纤维含量的增加而提高。但有研究指出，只有当钢筋保护层厚度大于30～40mm时，钢筋在钢纤维混凝土中的粘结强度才能提高[52]。参考文献［53］中研究了受约束钢纤维混凝土中纵筋的粘结性能，当以0.5%体积比的钢纤维掺入混凝土时，局部粘结强度可提高1/3左右。1985年，英国的Lowell等研究了添加聚丙烯纤维的混凝土（PFRC）与光圆钢筋的粘结强度，纤维长度分别为60mm和90mm。研究结果表明，无论是增加聚丙烯纤维含量还是增加其纤维长度对于混凝土和光圆钢筋的粘结强度并无不良影响。聚丙烯纤维可达到与钢纤维同样的抗开裂目的，且不会锈蚀。1997年，Haraji[54]等进行了梁式粘结试验。研究结果表明，当混凝土中掺有带弯钩的钢纤维时，纵筋在受拉区的搭接强度将提高。当纤维含量为2%时（体积含量），纵筋的平均搭接强度将比在普通混凝土中提高55%。同时，梁开裂后的荷载—挠度曲线是一个逐渐缓慢变化的过程。这是由于在梁的跨中区域出现了大量的细小裂缝，而不是普通混凝土那样较集中的宽裂缝，这正是梁的延性得以改善的原因所在。同时Haraji等研究发现，混凝土中掺入钢纤维对于提高纵筋的搭接强度比拉拔试件粘结强度（拉拔试件）更有利。

混凝土中用一定量的硅粉替代水泥配置而成的高性能混凝土可以提高混凝土中水泥浆的强度。细微的硅粉可以填充水泥颗粒间的空隙，从而提高粘性，减少离析，减少在钢筋和粗骨料下的析水量，可以改善骨料和水泥浆的粘结，提高混凝土的抗压强度。1993年，法国的Larrard[55]等研究了非受力钢筋与高性能混凝土（添加硅粉后混凝土强度达95MPa）的粘结强度，并且将该结果与一组普通混凝土（强度为42MPa）试件进行了对比。结果发现，高性能混凝土与钢筋的粘结强度明显增大，对于直径为10mm的变形钢筋增加80%，直径为25mm的变形钢筋增加30%。同时，Larrard指出，粘结强度增大的原因是因为混凝土的抗拉强度提高，就低配筋率来说，混凝土的收缩也起到了一定的约束作用。

1.3.3 保护层厚度或钢筋净间距

增加保护层厚度可以提高外围混凝土的开裂抗力，因而使开裂粘结应力及极限粘结强度均有相应提高。当保护层厚度超过一定范围时，变形钢筋的粘结破坏将不再是劈裂破坏，而是肋间混凝土被刮出的剪切型破坏。在浇筑位置相同，混凝土属于正常配合比的情况下，拔出试验及半梁式试验均表明，相对保护层厚度是影响开裂粘结应力及粘结强度的主要变量。同样，混凝土梁中钢筋净间距对混凝土的劈裂抗力有很大影响。若保护层厚度较大而净间距较小，外围混凝土将发生钢筋水平处贯穿整个梁宽的劈裂破坏；若保护层厚度较小而钢筋间距较大，混凝土将首先出现钢筋保护层处的竖向裂缝，然后发展成梁侧面的T字形裂缝或V字形裂缝。

Untrauer[56]的试验表明，梁宽度相同且仅配置2～3根钢筋的梁，其劈裂裂缝为保护层混凝土的竖向开裂；而配置4、5及6根钢筋的混凝土梁，则成水平劈裂，粘结强度显著降低。这一组试验说明，过去长期存在的“钢筋直径越小，根数越多对粘结越有利”的概念，并不总是正确的，只有当净间距得到保证，或粘结破坏的形式属于拔出破坏时，这个概念才是对的。Vedat根据试验得出保护层厚度或钢筋间距与平均粘结强度的影响关系式如下：

$$\tau_u = 0.91c^{0.82} \approx 0.91c^{4/5} \tag{1.27}$$

式中，c取钢筋保护层厚度与钢筋的半径之和或相邻钢筋中心到中心的距离两者间的较小值。美国内布拉斯加大学的 Azizinamini 指出当保护层厚度较小时可采用适当地增加一些箍筋数量来满足粘结强度的要求；并于 1995 年指出当混凝土强度超过 69MPa 时，在延伸长度或搭接长度范围内必须有一定的箍筋数量以保证构件具有一定的延性。

1.3.4 横向配筋

如图 1.19 所示[10]，箍筋对拔出试验中混凝土的开裂起到很好的约束作用。拔出试验中从加载开始就可以测量混凝土表面的横向拉应变。横向配筋对内裂缝出现前的粘结—滑移曲线没有明显影响；然而横向配筋对于达到极限粘结强度以后的曲线斜率则有不同程度的提高。因此，这说明仅在内裂缝出现后横向钢筋的作用才逐渐得到反映。

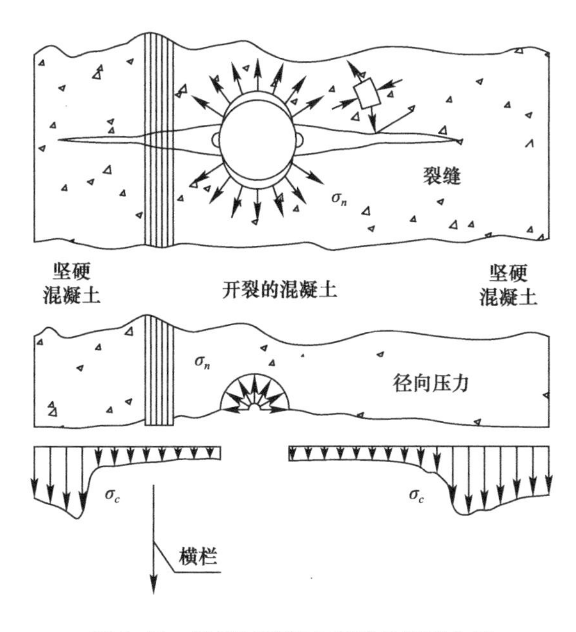

图 1.19 箍筋对混凝土开裂的约束作用

1994 年，台湾的 Hwang 明确指出对于高强混凝土，较密集的箍筋对于提高粘结强度有很大的作用。1996 年，Darwin 总结了 166 根配有箍筋的试件，并充分考虑箍筋对粘结强度的影响（考虑的因素包括：搭接或延伸长度范围内箍筋的数量、箍筋截面面积、同一位置处搭接纵筋的根数、搭接或延伸纵筋的相对肋面积等）。结果发现箍筋屈服强度的改变在箍筋对于延伸或搭接强度影响中所起的作用并不十分重要。事实上，2003 年高向玲的试验很好的解释了这一观点，通过试验测量了箍筋应变与粘结应力的关系，在试件长 66mm 的粘结区域内布置有两个箍筋，箍筋直径为 6mm，间距 30mm。每根箍筋上布置有 2 个应变片，以观察拉拔试件中箍筋所起作用。28d 抗压强度 $f_{cu,28}=44.07$MPa，劈裂抗拉强度 $f_{t,s}=3.50$MPa，弹性模量 $E_c=3.27\times10^4$N/mm^2。

由图 1.20 可见，试件在未达峰值荷载之前，箍筋发挥作用的程度非常有限，仅 80～100$\mu\varepsilon$ 左右，箍筋应力仅为 20N/mm^2 左右；达到峰值荷载时，靠近加载端的应变已经超过了 600$\mu\varepsilon$，增幅达 5 倍，箍筋中的应力为 130N/mm^2 左右，横向箍筋在下降段发挥作用的效果明显。虽然箍筋中的应力远不及屈服强度，但是直到钢筋被拔出箍筋的应变都未能复零。Bamonte[57]的研究成果表明拔出过程对混凝土试件的损伤致使微裂缝不能闭合是箍筋应变不能复零的原因。2000 年，土耳其的 Vedat[48]根据试验得出箍筋与粘结强度的关系式如下：

$$\tau_u = 0.08(k_{tr})^{0.6} \tag{1.28}$$

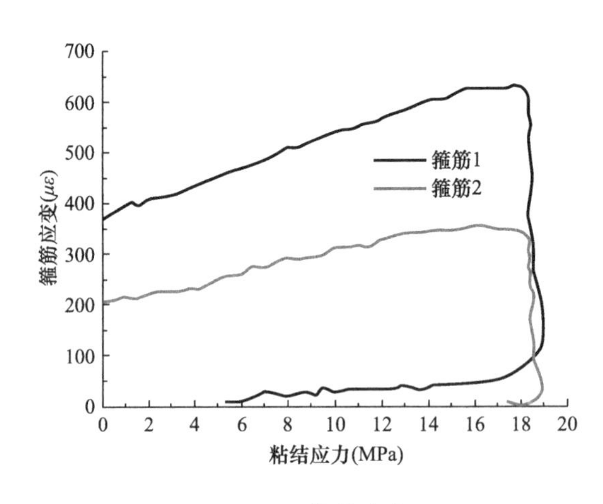

图 1.20　箍筋应变

式中，k_{tr}为箍筋特征值，$k_{tr}=A_{tr}f_{yt}/10sn$，s 为在 l_d（锚固长度）范围内箍筋的最大间距，n 为所研究截面的纵筋根数。

1.3.5　横向压力

工程结构中的混凝土构件常处于较高的横向压力作用下，如图 1.21 所示。由于中心拔出试验过程中混凝土受到支撑点的压力而与梁实际的受力形式差异较大，ASTM 规定中心拔出试件仅用于粘结对比试验。因此，学者常根据此规定对试验标准做相应的调整以适应其研究方向，调整的方法包括在试验过程中施加横向约束、变化布筋形式以及施加横向荷载（Haddad et al.）[58]。

在影响粘结性能的诸因素中，横向压力（主动或被动）起着至关重要的作用。Untrauer 和 Henry[56]的试验表明粘结强度的增量与所施加的横向压力的平方根成正比。Viwathanatepa et al.[59]的试验结果也说明横向压力对粘结是有利的。Navaratnarajah 和 Speare[60]通过两端对拉试验研究了横向压力对粘结性能的影响，其结论与 Untrauer 和 Henry 的试验结果相似。Malvar[61]研究了横向压力作用下不同混凝土保护层厚度的粘结

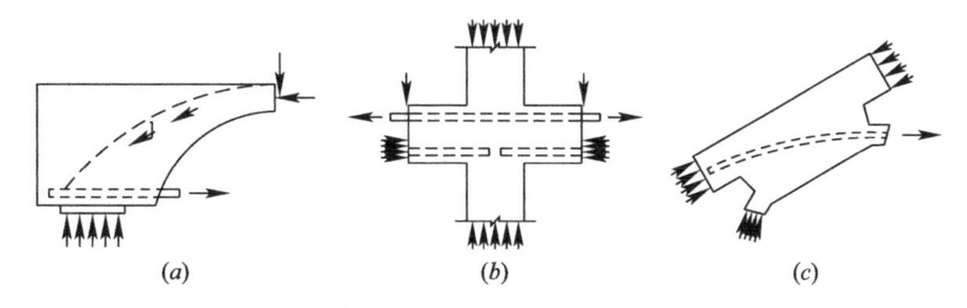

图 1.21 横向压力

强度。Stocker[62]是最早研究静水压力对粘结性能影响的学者，结论是粘结强度的增长与静水压力成正比。事实上，除拔出过程的锥楔作用外，其他因素（例如：钢筋锈蚀、混凝土收缩和激烈的冲击荷载等）也可能导致混凝土的开裂，因此许多学者采用精心设计的预裂试件研究了横向压力对粘结强度的影响（Modena[63]；Gambarova et al.[64]；Gambarova and Rosati[65]；Gambarova and Rosati[66]），并且最终被收录在报告 FIB 2000（Bond of reinforcement in concrete)[67]中，其成果显示粘结强度随横向压力的增加而增大，并且随着混凝土保护层厚度的增加横向压力对粘结的有利影响越明显。然而，Eligehausen[68]和Malvar[69]的试验结果显示，当横向压力大于某一数值后粘结强度的增长趋势明显降低。Dörr[70]的试验结果表明了横向压力为 15MPa 时粘结强度的增长率明显不如横向压力为 5MPa 和 10MPa 时。Robins 和 Standish[71]采用拔出试验研究了横向压力对光圆钢筋和带肋钢筋与混凝土之间粘结性能的影响，当横向压力达到 10MPa 时，粘结强度达到最大值。然而 Campione et al.[72]在轻骨料混凝土的研究中并未发现横向压力对粘结强度的有利影响。王传志等[7]指出，当横向压力大于 $0.5f_{cu}$时，粘结强度将不再增长甚至有所降低，并且指出与压应力方向垂直的横向拉应变显著增长是导致粘结强度降低的根本原因。

1.3.6 钢筋的浇筑位置

在浇筑混凝土时，钢筋横放或竖放及离底模的高度对粘结性能有明显的影响。由于新浇筑的混凝土沉淀而在钢筋下面会积水，当水分被混凝土吸收或挥发后，于是在钢筋下面将留下空隙或细孔，如图 1.22 所示。

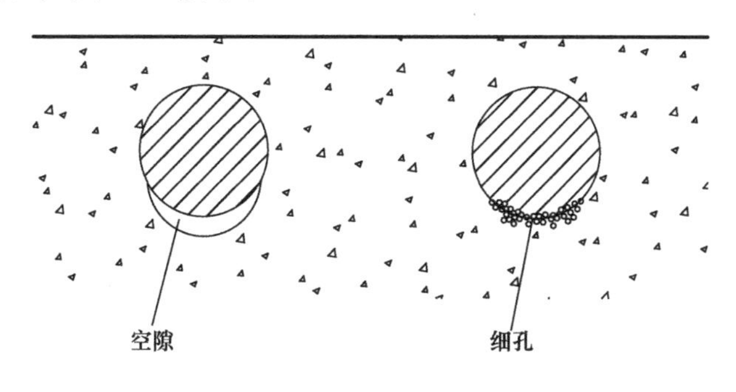

图 1.22 因沉积和积水引起的空隙或细孔

美国内布拉斯加大学的 Azizinamini 指出，在普通混凝土中位于上部的钢筋比位于下部的钢筋的粘结强度大约降低 8%。原因可归结为：水平浇筑时，在钢筋下部的混凝土由于骨料的累积而使得水和空气的含量增加，此部位的水灰比增大，进而影响粘结强度，而上部钢筋下部混凝土中水和空气的增加量比下部钢筋的大；水平浇筑时混凝土的沉积，这一现象对于上部钢筋更明显一些。混凝土中骨料和砂浆的粘结本身就是一个潜在的易开裂区，由于混凝土的沉积，在钢筋的周围、特别是其下部产生孔洞，这将减小混凝土的有效抗挤压面积，而变形钢筋与混凝土间力的传递主要依赖挤压力。然而，当采用高强混凝土时，位于上部钢筋的粘结强度却比位于下部纵筋的粘结强度大，对此 Azizinamini 的解释是：位于上部的钢筋由于混凝土的离析，引起钢筋下混凝土的性能降低，这一不利因素影响了钢筋中每个肋所承担的挤压力，因此不会在局部的几个肋处出现高应力现象，从而能够使得搭接区更多的肋部参与工作，因而提高了粘结强度。对浇筑位置对粘结性能的影响关注的还有黎巴嫩的 Hamad[73]，他考虑浇筑位置对高性能混凝土与钢筋粘结性能的影响，进行了有关试验。试验表明，当混凝土中没有添加硅粉时，浇筑位置位于试件上部钢筋的粘结强度略大于相同条件的下部钢筋。当硅粉的替代量分别为 8%和 16%时，位于上部和位于下部钢筋的粘结强度几乎是一样的。当搭接区有一定箍筋时，位于上部和下部纵筋的梁的荷载-挠度曲线非常相似的。

1.3.7 钢筋的锈蚀

涉及粘结性能时，钢筋的“生锈”和“腐蚀”是完全不同的概念。1998 年，Morgan[74]指出，轧制钢筋的初始生锈是由于冷却过程或与空气接触而在其表面生成的较薄的氧化层，这种铁锈不但不会影响粘结性能，反而常对粘结性能起到改进所用。这种铁锈对钢筋直径的减少大概从 0.008～0.04mm，钢筋截面的损失在 1%以内，远低于生产标准 6%～10%的要求。总之，研究结果表明，(1) 钢筋表面初始铁锈对粘结性能一般起到改进作用，(2) 铁锈在混凝土中往往会终止进一步发展，(3) 初始铁锈对钢筋截面的损失非常小以至于可以忽略不计。然而，氯离子和酸性气体很容易扩散到混凝土中，当到达钢筋所在的位置时，会对钢筋产生强烈的腐蚀。大量的铁锈会形成较强的内压力，最终将混凝土保护层爆裂。1992 年，Carrera 和 Ghoddoussi[75]利用电化学原理，将粘结试件置于氯化钠 (NaCl) 溶液中，采用加速锈蚀的方法研究了不同锈蚀程度钢筋与混凝土之间的粘结滑移性能。2002 年，国内的仲伟球[76]采用类似的方法对此问题进行了试验研究。2009 年，雷斌[77]研究了再生混凝土及普通混凝土粘结强度随钢筋锈蚀率增大的变化趋势，如图 1.23 所示。相似的研究成果可见参考文献 [78—94]。

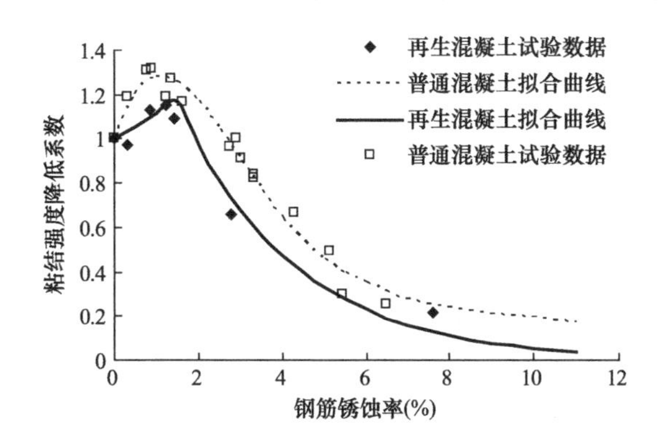

图 1.23 粘结强度随钢筋锈蚀率的变化趋势

1.3.8 荷载类型

工程实际中常见荷载类型包括持续荷载、动荷载及冲击荷载。拔出过程中肋间混凝土齿受到很高的压力，所以在持续荷载作用下将产生一个徐变过程，并增加位移（结果：在持续荷载作用下裂缝加宽）。但是只要持续荷载不至于导致混凝土开裂，则粘结强度基本不受影响。

大量的试验研究和实地观测表明[95]~[96]，在多次重复荷载作用下钢筋混凝土构件的刚度降低，裂缝开展，其原因之一就是钢筋与混凝土之间的粘结性能退化和相对滑移增长。尽管粘结疲劳引起的破坏形态是错综复杂、多种多样的，但总是以粘结疲劳产生的过大滑动为破坏前导。例如，Taylar[97]曾报道过以普通光圆钢筋配筋的T形梁试验。在相当于静载承受强度84%的荷载作用下，经受42万次重复荷载后，纵筋弯钩内侧的混凝土被压碎，引起钢筋产生很大滑动，使斜裂缝显著开展，穿过斜裂缝的箍筋被拉断，最后压区混凝土被压碎，梁最终破坏；此梁破坏的本源是粘结疲劳产生的锚固滑动。又如在预应力梁的剪切疲劳试验中曾观测到，在1万次重复荷载作用后，由于箍筋粘结破坏，产生较大滑动使梁过早破坏[98]，其抗剪强度仅为静载抗剪强度的60%～70%。

Eligehausen研究了冲击荷载作用下钢筋与混凝土之间的粘结性能。结果表明，在很高的冲击荷载作用下粘结强度将提高10%～20%。

1.3.9 温度

（1）高温作用

由于高温作用导致混凝土和钢筋材性的变化，特别是混凝土材性的变化，所以二者的粘结性能必将受此影响。由于影响粘结强度的因素很多，因而不同试验得出的高温下和高温后粘结强度的折减系数有一定的差异，但总的变化趋势是一致的，反映了相同的规律。研究表明，混凝土抗拉强度、钢筋外形及锈蚀程度是影响高温下和高温后粘结性能的主要因素。1978 年，Reichel[99]首次研究了 600℃高温下光圆钢筋和带肋钢筋与混凝土之间的粘结性能；结果表明，光圆钢筋和带肋钢筋粘结强度的损失分别达到 70%和 30%。Diederichs[100]指出，粘结强度不仅受温度经历的影响，还受试验过程和钢筋外形的影响。朱伯龙对 40 个光圆钢筋和带肋钢筋进行了常温、高温下（后）拔出试验，认为高温对光圆钢筋与混凝土的粘结性能影响十分严重，带肋钢筋相对较小，高温冷却后粘结强度不能回升。

由图 1.24 和图 1.25[101]可见，高温下钢筋和混凝土之间的粘结强度，随温度的升高，总体呈下降趋势。在高温中，粘结强度在较低范围内（螺纹钢 300℃，光圆钢 200℃）有所提高，而在较高温度时强度则急剧下降（分别大于 600℃和 400℃）。同时，由上图可见，光圆钢筋的粘结强度损失更为显著。钢筋与混凝土之间的粘结强度主要由胶着力、摩阻力和咬合力三部分作用组成。其中，胶着力一般很小，在接触面发生滑移后就被破坏；摩阻力的大小取决于接触面的粗糙程度和侧压力，光圆钢筋与混凝土之间的粘结强度主要依靠摩阻力；而咬合力是由于螺纹钢筋肋部嵌入混凝土形成的机械咬合作用所致，是螺纹钢筋与混凝土之间的粘结强度的主要部分。同时，由于两种材料的线膨胀系数不同，温度作用后，引起钢筋与混凝土之间产生裂隙，使得钢筋与混凝土的胶着力降低，而导致粘结应力的显著降低。总的现象表现为，螺纹钢筋与混凝土之间的粘结强度下降较光圆钢筋与混凝土之间的粘结强度慢，且温度较低时，光圆钢筋的粘结强度就开始有较大的损失。周新刚[102]对常温和经受 2 小时 300℃、400℃、600℃、800℃后的试件进行了中心拔出试验。试验表明，钢筋与混凝土的粘结性能随温度经历的提高退化明显。光圆钢筋的粘结强度随温度升高粘结强度损失最为严重，且在较低的温度下（300～400℃），粘结强度损失可达 40%～60%；而变形钢筋的粘结强度随温度的升高损失程度较光圆钢筋轻，在高温区（600℃以上），锈蚀钢筋高温中峰值滑移量比无锈钢筋有所增加。Royles[103]研究了 720℃温度下不同混凝土保护层厚度对粘结强度的影响；研究发现，拔出试验中混凝土保护层厚度小的试件粘结强度降低较多，而且反复加载下粘结强度会进一步降低。国外的 Morley[104]，国内的谢狄敏[105]和袁广林[106]等学者都开展过类似的研究。

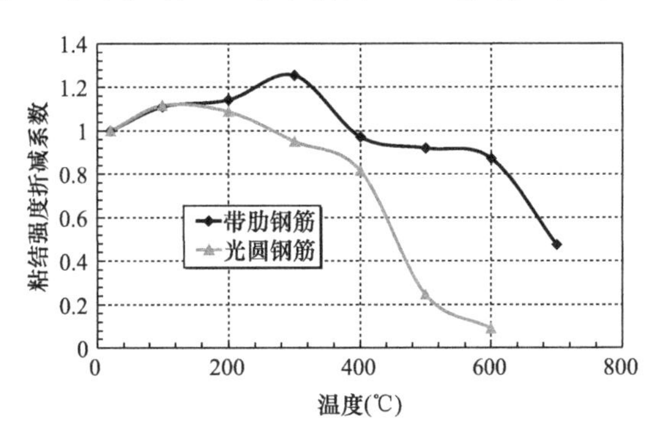

图 1.24　高温后粘结强度的变化规律

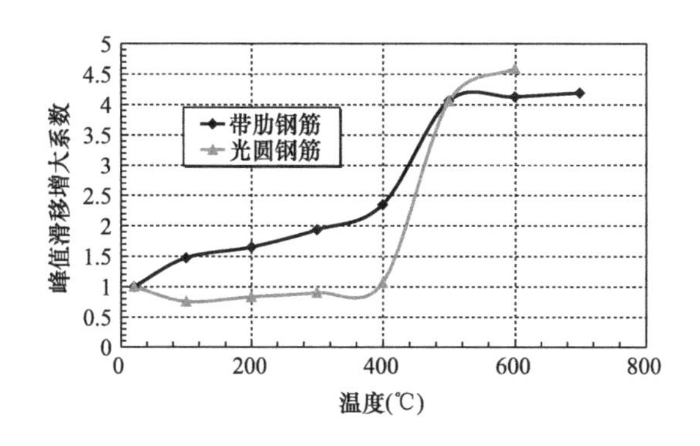

图 1.25　高温后极限滑移的变化规律

近年来有学者研究了高温作用对 FRP 筋与混凝土粘结性能的影响；结果表明，在较低的温度下（200℃），粘结强度的损失可达 80%～90%此外，高温作用对钢筋与高性能混凝土粘结性能的影响成为另一个研究热点。2004 年，Haddad[107]研究了带肋钢筋与添加天然火山灰的高强混凝土（C60）高温后（600℃、800℃）的粘结性能；600℃和 800℃温度经历的试件粘结强度分别下降 24%和 74%，并且指出当天然火山灰用量达到 25%时可以有效的抑制混凝土开裂，而且当温度超过 600℃后效果尤其显著。2008 年，Haddad[108]研究了高温后（350℃～700℃）带肋钢筋与纤维高性能混凝土之间的粘结性能；在 50 个拔出试件中分别添加了带锈钢纤维、弯钩钢纤维和高弹性模量聚酯纤维。结果表明，400℃后粘结强度退化严重；600℃前，添加的纤维可以有效的抑制高性能混凝土的开裂和爆裂，提高粘结强度。同时指出，带弯钩的钢纤维对高温后粘结性能的改善效果最明显。2009 年，肖建庄[109]配制了 C100 高性能混凝土，分别进行了 200℃、400℃、600℃和 800℃温度经历的拔出试验，结果表明高温后混凝土粘结强度以 400℃为转折点，之后粘结性能急剧下降。

（2）低温作用

近年来，随着极地探索的进展和空间科学技术的飞速发展，有些学者开展了混凝土在低温环境（T＝－50℃/－150℃）下的力学性能研究。然而，关于钢筋和混凝土在低温环境下的粘结性能的相关文献却十分罕见。根据 van der Veen（1992 pull-out test）的试验，由于低温下混凝土的抗拉和抗压强度都比常温下高，钢筋和混凝土之间的粘结性能要比常温下好。在 van der Veen 的拔出试验中，常温下（＋20℃）的破坏模式为劈裂破坏，较低温度下（－40℃）为剪切破坏，超低温度下（－80℃）下为钢筋屈服后被拉断。虽然 van der Veen[110]试验中的粘结—滑移本构关系受到了结构力学行为的影响，但是低温作用对粘结性能的改善却十分显著。

1.4　技术路线构思

通过试验研究、数值模拟和理论分析等方法细致的研究了高温（火灾）后细晶粒钢筋和混凝土之间的粘结滑移性能，研究技术路线构思如图 1.26 所示。

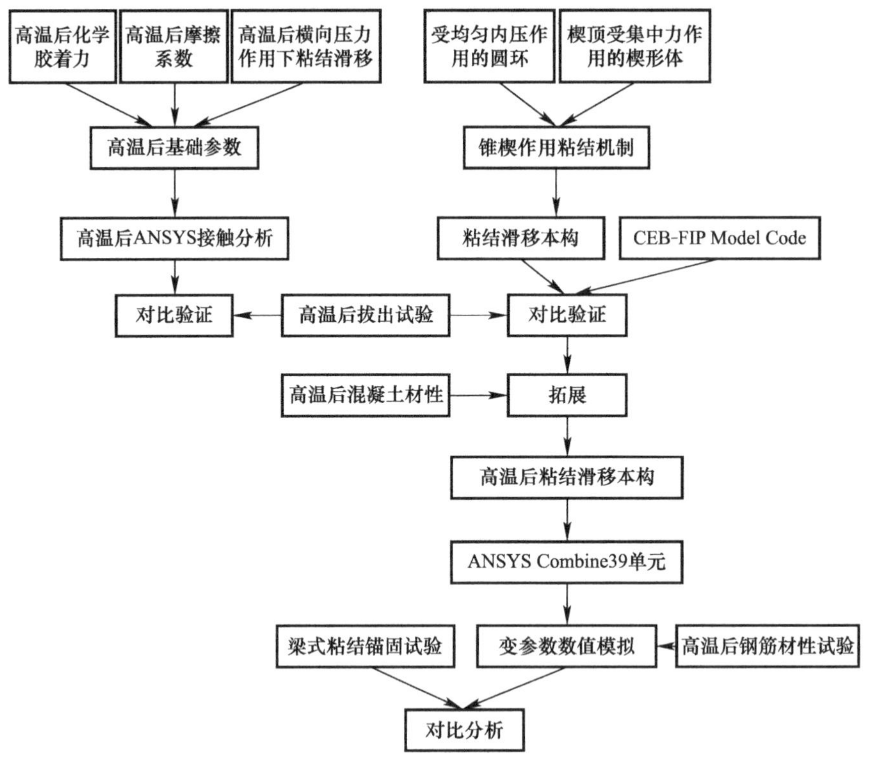

图 1.26 技术路线

1.5 主要内容

本书以国家 863 计划（2007AA032550）为平台，结合高温后这一特殊环境，通过试验研究、数值模拟和理论分析等方法细致的研究了高温后细晶粒钢筋和混凝土之间的粘结滑移性能，书中主要内容包括：

(1) 配置了高性能混凝土，对试件进行了高温试验，测试了高温后高性能混凝土的立方体抗压强度，并对试验现象和结果进行了分析。

(2) 基于混凝土与钢筋之间的胶结剪切试验、摩阻试验等基础试验，从更加细微的角度考察钢筋和不同温度经历混凝土之间的粘结和摩擦物理机制、分析经历不同温度的混凝土与钢筋的界面参数（粘聚力、摩擦系数）及其退化规律、随机分布特点，为以后的有限元分析与计算机仿真提供必要的研究参数。

(3) 开展了 HRBF500 细晶粒钢筋高温后力学性能的试验，并与高温下细晶粒钢筋的力学性能进行了对比。

（4）推导了楔形体在尖部受集中力作用的位移解答，然后基于锥楔作用的受力机制建立了滑移量与位移边界条件的关系。根据拔出试验的破坏特征，将粘结滑移曲线的上升段按混凝土开裂与否分为两个阶段，分别采用不同的理论模型进行计算。理论模型中把滑移量作为位移边界条件引入，通过对滑移量的改变实现边界条件的变化，从而得出峰值粘结强度前各级滑移量下的粘结应力。分析了影响下降段的主要因素并拟合了呈负指数衰减规律的下降段。

（5）采用通用有限元程序 ANSYS10.0 对拔出试件进行了接触分析，对数值模拟中材料定义、有限元建模、单元生成及后处理等关键技术进行了系统的研究。重点介绍了使用 TARGE170 和 CONTA174 单元建立 3-D 接触对的实用方法，建议了库仑摩擦模型中摩擦系数和胶着强度等参数的取值，最终实现了基于接触分析的粘结滑移模拟技术。

（6）通过高温试验以及模型梁的加载试验，观察不同温度经历对高性能混凝土试块和梁的影响，即通过梁式试验段研究高温（火灾）对细晶粒钢筋高性能混凝土梁的粘结与锚固性能的影响。

（7）基于模型梁几何参数，利用梁式粘结试验得到的粘结滑移曲线，采用非线性弹簧单元 COMBIN39 模拟了钢筋和混凝土之间的粘结滑移，建立了粘结滑移关系曲线与弹簧单元 F-D 曲线的转换技术。本书基于 ANSYS 强大的后处理功能对考虑粘结滑移问题的混凝土模型梁进行了细致的研究，丰富了梁式构件的数值仿真理论。

参考文献

[1] 江见鲸，李杰，金伟良．高等混凝土结构理论［M］．北京：中国建筑工业出版社，2007．

[2] 高向玲．高性能混凝土与钢筋粘结性能的试验研究及数值模拟［D］．上海：同济大学，2003．

[3] 代媛媛．细晶粒钢筋高性能混凝土柱的抗火性能研究［D］．上海：同济大学，2008．

[4] GB 1499.2—2018 钢筋混凝土用钢　第2部分：热轧带肋钢筋［S］．北京：中国建筑工业出版社，2018．

[5] 屈朝霞，田志凌，何长红等．超细晶粒钢及其焊接性［J］．钢铁，2000，35（2）：70-73．

[6] 田志凌，屈朝霞，杜则裕．细晶粒钢焊接热影响区晶粒长大及组织转变［J］．材料科学与工艺，2000，8（3）：16-20．

[7] 王传志，滕智明．钢筋混凝土结构理论［M］．北京：中国建筑工业出版社，1985．

[8] 过镇海，时旭东．钢筋混凝土原理和分析［M］．北京：清华大学出版社，2003．

[9] RILEM-FIP-CEB. Tentative Recommendation-Bond test for reinforcing steel［J］. Materials and structures，1973.

[10] FIB Bulletin No.10.（2000）．“Bond of reinforcement in concrete.” State-of-art Rep.，Fédération

Internationale duBéton, Federal Institute of Technology, Département Génie Civil, Lausanne, Switzerland.

[11] Mains R. M.. Measurement of the distribution of tensile and bond stresses along reinforcing bars [J]. ACI Journal, 1951 (3): 225-252.

[12] Tassios T. P., Koroneos E. G.. Preliminary result of local bond-slip relationships by means of moiré method, AICAP-CEB Symposium Rome, May, 1979.

[13] 徐有邻. 变形钢筋—混凝土粘结锚固性能的试验研究 [D]. 北京：清华大学，1990.

[14] Jiang D. H., Andonian A. T., Shan S. P.. A new type of bond test specimen bond in concrete, Department of Civil Engineering The Technological Institute Northwestern University Evanston, Illinois, 1982.

[15] GotoY.. Cracks formed in concrete around deformed tension bars [J]. ACI Journal. 1971, 68 (4): 144-251.

[16] RehmG.. Über die Grundlagen des Verbundes zwischen Stahl und Beton. DAfStb., H. 138, Berlin, W. Ernst u. Sohn, 1961.

[17] Park R., PaulayT.. Reinforced Concrete Structure, 1975.

[18] Leroy A. Lutz and Peter Gergely. Mechanics of bond and slip of deformed bars in concrete [J]. ACI Journal, 1967, (5): 711-721.

[19] Nilson, S. M.. Bond stress-slip relationship in reinforced concrete. 1971, Rep. No. 345, Dept. of Structure Engineering, Cornel Univ., Ithaca, N. Y.

[20] MirzaS. M., Houde J. Study of bond stress-slip relationships in reinforced concrete [J]. ACI Journal, 1979, 76 (4): 19-46.

[21] 狄生林. 钢筋混凝土握裹力—滑移关系的试验研究 [D]. 南京东南大学，1981.

[22] 金芷生，朱万福，庞同和. 钢筋与混凝土粘结性能研究 [J]. 南京工学院学报，1985 (2): 73-85.

[23] 滕智明，张合贵. 钢筋混凝土梁中劈裂粘结破坏及钢筋延伸长度的试验研究 [J]. 土木工程学报 1989 (5): 33-40.

[24] 宋玉普，赵国藩. 钢筋与混凝土间的粘结滑移性能研究 [J]. 大连工学院学报，1987 (2): 94-100.

[25] Charles K. Kankam. Relationships of bond sterss, steel stress, and slip in reinforced concrete [J]. ASCE St., 1997 (1): 79-85.

[26] Harajli M. H.. Development/splice strength of reinforcing bars embedded in plain and fiber reinforced concrete [J]. ACI Structural Journal, 1994, 91 (5): 511-520.

[27] Alsiwat J. M., Saatcioglu M.. Reinforcement anchorage slip under monotonic loading [J]. Journal of Structural Engineering, 1992, 118 (9): 2421-2438.

[28] 徐有邻，沈文都，汪洪. 钢筋混凝土粘结锚固性能的试验研究 [J]. 建筑结构学报，1994 (5)：26-36.

[29] Somayaji S.，Shah S. P.. Bond stress versus slip relationship and cracking response of tension members [J]. ACI Journal，1981，78 (3)：217-225.

[30] Yankelevsky D. Z.. Bond Action Between Concrete and Deformed Bar-a New Model [J]. ACI Journal，1985 (2)：154-161.

[31] Ngo D.，Scordelis A. C.. Finite element analysis of reinforced concrete beams [J]，ACI Journal，1967，6 (3)：152-163.

[32] Bresler B.，Bertero V. V.. Behavior of reinforced concrete under repeated load [J]，ASCE，J. Struct. Div.，1968，94 (6)：1567-1590.

[33] Nilson A. H.. Nonlinear analysis of reinforced concrete by the finite element method [J]，ACI Journal，1968，65 (9)：757-766.

[34] Rernhardt H. W.，Blaauwendraad J.，Vos E.. Prediction of bond between steel and concrete by numerical analysis，RILEM Materials and Structures [J]，1984，17 (100)：311-320.

[35] Cox J. V.，Herrmann L. R.. Confinement-stress dependent bond behavior，Part Ⅱ：a two-degree of freedom plasticity model，Proc. Int. Conf. "Bond in Concrete：from Research to Practice"，CEB-RTU (Riga Technical University) [M]，Riga (Latvia)，1992，11. 11-11. 20.

[36] Van Mier J. G. M.，VervuurtA.. Lattice model for analyzing steel-concrete interface behavior [J]. Mechanics of Geometrical Interfaces，1995 (1)：201-225.

[37] 高向玲，李杰. 钢筋与混凝土粘结本构关系的数值模拟 [J]. 计算力学学报，2005，22 (1)：73-77.

[38] 高陈燕，尹冠生，马超. 基于有限变形理论ANSYS几何非线性算法缺陷分析 [J]. 建筑科学与工程学报，2008，25 (2)：106-110.

[39] 许强，李湘沅，陈庆，孙飞飞. 基于ANSYS平台的连续体渐进结构优化设计及其应用 [J]. 建筑科学与工程学报，2008，25 (1)：23-31.

[40] Hammaty Y.，de Roeck G.，Vandewalle L.. Finite Element modeling of reinforced concrete taking into consideration bond-slip [R]，5th ANSYS Int. Conf. 1991. (Pittsburgh，Penn. USA).

[41] 王依群，王福智. 钢筋与混凝土间的粘结滑移在ANSYS中的模拟 [J]. 天津大学学报，2006，39 (2)：209-213.

[42] 刘佩玺，徐永清，刘福胜. 钢筋混凝土结构粘结滑移分析在ANSYS中的实现 [J]. 山东农业大学学报（自然科学版），2007，38 (1)：125-130.

[43] 黄均亮. 高温后高强混凝土与细晶粒钢筋之间的粘结性能试验研究 [D]. 上海：同济大学，

2008.

[44] Atorod Azizinamini, Mark Stark, John J. Roller, and Ghosh S. K.. Bond performance of reinforcing bars embedded in high-strength concrete [J]. ACI Structural Journal, 1993 (5): 554-561.

[45] David Darwin, Jun Zuo, Michael L., Tholen, and Emmanuel K. Idun.. Development length criteria for conventional and high relative rib area reinforcing bars [J]. ACI St., 1996 (5): 347-359.

[46] Shyh-jiann Hwang, Yih-Ren Leu, and Han-Lin Hwang. Tensile bond strengths of deformed bars of high-strength concrete [J]. ACI Structural Journal, 1996 (11) 11-20.

[47] Reza M., Esfahani and Vijaya Rangan B.. Local bond strength of reinforcing bars in normal-strength and high-strength concrete (HSC) [J]. ACI Structural Journal, 1998 (4): 96-106.

[48] Yerlici Vedat A., Turan Ozturan. Factors affecting anchorage bond strength in High-Performance Concrete [J]. ACI Structural Journal, 2000 (5): 499-507.

[49] Brettmam Barie B., David Darwin and Donahey Rex C.. Bond of reinforcement to super plasticized concrete [J]. ACI Journal, 1986 (1): 98-106.

[50] 王孔藩，许清风，刘挺林. 高温自然冷却后钢筋与混凝土之间粘结强度的试验研究 [J]. 施工技术，2005，8 (34)：6-11.

[51] Ezeldin A. S., Balaguru, P. N.. Bond behavior of normal and high-strength fiber reinforced concrete [J]. ACI Materials Journal, 1989 (9): 515-552.

[52] Sorushian P., Mirza F., Alhozaimy A.. Bonding of confined steel fiber reinforced concrete to deformed bars [J]. ACI Materials Jounral, 1994 (3): 141-149.

[53] Rodirgue J., Ortega L. M., Fernandez M.. Bond between ribbed bars and steel fiber reinforced concrete, Proceedings, Intenrational Conference: Bond in Concerte from Research to Practice, Riga, Latvia, Oct. 1992.

[54] Haraji M. H., Saloukh, K. A.. Effect of fibers on development/splices strength of reinforcing bars in Tension [J]. ACI Materials Jounral, 1997 (7): 317-324.

[55] Prancois de Larrard, Isabele schaller, Jacques Fuchs. Effect of bar diameter on the bond strength of passive reinforcement in high-performance concrete [J]. 1993 (7): 333-343.

[56] Untrauer R. E., Henry R. L.. Influence of normal pressure on bond strength [J]. ACI Journal, 1965.

[57] Bamonte P. F., Gambarova P. G.. High-bond bars in NSC and HPC: study on size effect and on the local bond stress-slip law [J]. Journal of Structural Engineering, 2007, 133 (2): 225-234.

[58] Haddad R. H., Abendeh R. M.. Effect of thermal cycling on bond between reinforcement

and fiber reinforced concrete [J]. Cement and Concrete Composite, 2003, 26 (6): 743-752.

[59] Viwathanatepa S., Popov E. P., Bertero V. V.. The effects of generalized loading on bond of reinforcing bars embedded in confined concrete blocks [R]. Berkeley: Earthquake Engineering Research Center, University of California, 1979.

[60] Navaratnarajah V., Speare P.. An experimental study of the effects of lateral pressure on the transfer bond of reinforcing bars with variable cover [J]. Proceeding of the Institution of Civil Engineering, 1986, 81: 697-715.

[61] Malvar L. J.. Bond of reinforcement under controlled confinement [R]//Technical Report N-1833. Port Hueneme (Ca, USA): Naval Civil Engineering Laboratory, 1991: 46 pages.

[62] Stocker M. F., Sozen M. A.. Bond characteristics of prestressing strand [C]//Part Ⅳ of Investigation of Prestressed Reinforced Concrete For Highway Bridges. Chicago: University Illinois, 1969.

[63] Modena C.. Bond behavior with longitudinal cracks of normal and epoxy-coated deformed bars [C]//International Conference Bond in Concrete from Research to Practice. Riga Latvia: CEB, 1992.

[64] Gambarova P. G., Rosati G. P., Schumm C.. An elasto-cohesive model for steel-concrete bond [C]//Proc. Europe-US Workshop on Fracture and Damage in Quasibrittle Structures, Ed. By Z. P. Bazant, Z. Bittnar, M. Jirasek and J. Mazar. London: E&FN Spon, 1994: 557-566.

[65] Gambarova P. G., Rosati G. P.. Bond and splitting in reinforced concrete: test results on bar pull-out [J]. Materials and Structures, 1996, 29 (5): 267-276.

[66] Gambarova P. G., Rosati G. P.. Bond and splitting in bar pull-out: behavioral laws and concrete-cover role [J]. Magazine of Concrete Research, 1997, 49 (179): 99-100.

[67] FIB Bulletin No. 10. Bond of reinforcement in concrete [R]//State-of-art Report, Fédération Internationale du Béton, Federal Institute of Technology. Lausanne Switzerland: Département Génie Civil, 2000.

[68] Eligehausen R., Popov E. P., Bertero V. V. Local bond stress-slip relationships of deformed bars under generalized excitations [R]//UCB/EERC-83/23. Berkeley: Earthquake Engineering Research Center, University of California, 1983: 169 pages.

[69] Malvar L. J.. Bond of reinforcement under controlled confinement [J]. ACI Materials Journal, 1992, 89 (6): 593-601.

[70] Dörr K.. Bond behavior of ribbed reinforcement under transverse pressure [C]//In proceedings of IASS Symposium on Nonlinear Behavior of Reinforced Concrete Spatial Structures. Darmstadt, Vol. 1, Ed. by Mehlhorn G., Rühle H. and Zerna W., Werner-Verlag,

Düsseldorf，1978. 13-24.

[71] Robins P. J.，Standish I. G.. The effect of lateral pressure on the bond of round reinforcing bars in concrete [J]. International Journal of Adhesion and Adhesives，1982，2 (2)：129-133.

[72] Campione G.，Cucchiara C.，Mendola L. L.，Papia M.. Steel-concrete bond in lightweight fiber reinforced concrete under monotonic and cyclic actions [J]. Engineering Structures，2005，27 (6)：881-890.

[73] Hamad B.，Machaka M.. Effect of transverse reinforcement on bond strength of reinforcing bars in silica fume concrete [J]. Material Structure，1999 (12)：468-476.

[74] MorganE.. The effect of rust on reinforcement [M]. Concrete (1)，25-27，1998.

[75] Cabrera J. G.，GhoddoussiP.. The effect of reinforcement corrosion on the strength of steel/concrete bond. Proc. Int. Conf. "Bond in Concrete：from Research to Practice"，CEB-RTU (Riga Technical University)，Riga (Latvia)，10. 11-10. 24.

[76] 仲伟球，贡金鑫. 钢筋电化学快速锈蚀试验控制方法 [J]. 建筑技术开发，2002，29 (4)：28-29.

[77] 雷斌. 再生混凝土梁耐久性研究 [D]. 上海：同济大学，2009.

[78] Johnston B.，Cox K. C.. The bond strength of rusted deformed bars [J]. ACI Journal Proceedings，1940，37：57-72.

[79] Kemp E. L.，et al. Effect of rust and scale on the bond characteristics of deformed reinforcing bars [J]. ACI Journal Proceedings，1968，65：743-758.

[80] Al-Sulaimani G. J.，Kaleemullah M.，Basunbul I. A. et al. Influence of corrosion and cracking on bond behavior and strength of reinforced concrete members [J]. ACI Structural Journal，1990，87 (2)：220-231.

[81] 洪小健. 不同加载速度下锈蚀钢筋与混凝土粘结滑移试验研究 [D]. 上海：同济大学，2001.

[82] Cabrera J. G.. Deterioration of concrete due to reinforcement steel corrosion [J]. Cement and Concrete Composites，1996，18：47-59.

[83] Auyueng Yubun，Balaguru P.，ChungLan. Bond bebavior of corroded reinforcement bars [J]. ACI Materials Journal，2000，97 (2)：214-220.

[84] Han-Seung Lee，Takafumi Noguchi，Fuminori Tomosawa. Evaluation of the bond properties between concrete and reinforcement as a function of the degree of the reinforcement corrosion [J]. Cement and Conrete Research，2002，32：1313-1318.

[85] Kyle Stanish，Hooton R. D.，PantazopoulouJ.. Corrosion effects on bond strength in reinforced concrete [J]. ACI structural Journal，1999，96 (6)：915-921.

[86] 王林科，陶峰，王庆霖等. 锈后钢筋混凝土粘结锚固的试验研究 [J]. 工业建筑，1996，26

(4)：14-16.

[87] 赵羽习，金伟良. 锈蚀钢筋与混凝土粘结性能的试验研究 [J]. 浙江大学学报. 2002，36 (4)：352-356.

[88] 范颖芳，黄振国，李健美，等. 受腐蚀钢筋混凝土构件中钢筋与混凝土粘结性能研究 [J]. 工业建筑，1999，29 (8)：49-51.

[89] 袁迎曙，余索，贾福萍. 锈蚀钢筋混凝土的粘结性能退化的试验研究 [J]. 工业建筑. 1999，29 (11)：44-50.

[90] 潘振华，牛荻涛，王庆霖. 锈蚀率与极限粘结强度关系的试验研究 [J]. 工业建筑，2000，30 (5)：9-12.

[91] 何世钦. 氯离子环境下钢筋混凝土构件耐久性能试验研究 [D]. 大连：大连理工大学，2004.

[92] 张伟平. 混凝土结构的钢筋锈蚀损伤预测及其耐久性评估 [D]. 上海：同济大学，1999.

[93] 张伟平，张誉. 胀裂后锈蚀钢筋与混凝土粘结性能退化规律的试验研究 [J]. 建筑结构，2002，32 (1)：31-33.

[94] 袁迎曙，贾福萍，蔡跃. 锈蚀钢筋混凝土梁的结构性能退化模型 [J]. 土木工程学报，2001，34 (3)：47-52.

[95] 郑晓燕，吴胜龙，刘龙强. 动荷载作用下钢筋与混凝土粘结锚固试验研究 [J]. 混凝土与水泥制品，2002，6：27-30.

[96] Muhlenbruch C. W.. The effect of repeated loading on the bond strength of concrete [J]. American Society for Testing Materials，Proc. 1945 (45)：824-845.

[97] TaylorR.. Some fatigue test on reinforced concrete beams [J]. Magazine of Concrete Research，1964 (16)：67-73.

[98] Price K. M.，Edwards A. B.. Fatigue strength in shear of prestressed concrete I-Beams [J]. ACI Journal，1971 (4)：34-41.

[99] Reichel V. How fire affect steel-to-concrete bond? [R]. Build Res Pract. 1978，6 (3)：176-187.

[100] Diederichs U.，Schneider U. Bond Strength at High Temperatures [J]. Magazine of Concrete Research，1981，33 (115).

[101] 朱伯龙，陆洲导，胡克旭. 高温（火灾）下混凝土与钢筋的本构关系 [J]. 四川建筑科学研究，1990 (1)：37-43.

[102] 周新刚，吴江龙. 高温后混凝土与钢筋粘结性能的试验研究. 工业建筑，1995，25 (5)：37-40.

[103] Royles R.，MorleyP.. Response of the bond in reinforced concrete to high temperatures [J]. Mag Concr Res，1983，35 (123)：67-74.

[104] Morley P. D.，Royles R. Response of the Bond in Reinforced Concrete to High Tempera-

tures [J]. Magazine of Concrete Research，1985，35 (123).

[105] 谢狄敏，钱在兹. 高温作用下混凝土抗拉强度与粘结强度的试验研究 [J]. 浙江大学学报，No. 5，1998.

[106] 袁广林，郭操. 高温下钢筋混凝土粘结性能的试验与分析 [J]. 工业建筑，2006，36 (2)：57-60.

[107] Haddad R. H.，ShannisL. G.. Post-fire behavior of bond between high strength pozzolanic concrete and reinforcing steel [J]. Construction and Building Materials，2004，(18)：425-435.

[108] Haddad R. H.，Al-Saleh R. J.，Al-AkhrasN. M.. Effect of elevated temperature on bond between steel reinforcement and fiber reinforced concrete [J]. Fire Safety Journal，2008，(43)：334-343.

[109] 肖建庄，黄均亮，赵勇. 高温后高性能混凝土和细晶粒钢筋间粘结性能 [J]. 同济大学学报(自然科学版)，2009，37 (10)：1296-1301.

[110] Van der VeenC.. Cryogenic bond behavior and tension stiffening，Proc. Int. Conf. "Bond in Concrete：from Research to Practice'，CEB-RTU (Riga Technical University)，Riga (Latvia)，10. 1-10. 10.

第2章　高温后钢筋与混凝土粘结—滑移基础试验

2.1　提出问题

钢筋与混凝土的粘结作用主要由三个方面构成：混凝土与钢筋界面的化学胶着力，摩擦力和机械咬合力。传统试验方法只能从宏观的试验现象描述钢筋与混凝土间的粘结滑移[1]~[11]。由于钢筋混凝土结构在工作时期荷载的复杂性，所以上述三方面的损伤程度也不尽相同；例如，随着温度的变化化学胶着力的损失程度不能通过传统的拉拔试验方法得到很好的反映；在地震作用或往复荷载作用下随着加载次数的增加，由于界面水泥石凹凸被逐渐挫平，水泥石颗粒磨细摩擦系数逐渐减小，而且经历不同温度的混凝土摩擦系数的损失程度也不同。通过相关文献的查阅发现不同学者对相同课题的研究成果存在一定的离散性，究其原因是因为传统的拉拔试验无法从根本上把粘结滑移的三种作用区分开。再者，大型通用有限元软件 ANSYS[12]~[13]、ABAQUS[14]等都具备接触分析功能，然而界面单元参数常根据经验选取，鉴于高温后钢筋与混凝土之间粘结滑移的特殊性和复杂性，须设计专门的试验与加载装置从更加细致的方面研究钢筋与混凝土间的粘结作用，对粘结作用的构成加以区分和细化。

2.2　试验目的

基于混凝土与钢筋之间的胶结剪切试验、摩阻试验等基础试验，从更加细微的角度考察钢筋和不同温度经历混凝土之间的化学胶着力、摩擦系数，分析经历不同温度的高性能混凝土与钢筋的界面参数（粘聚力、摩擦系数）的退化规律、分布特点，为以后的有限元分析与计算机仿真提供必要的研究参数。本节试验由高温后胶结剪切试验、高温后摩阻试验和基于摩擦损伤的拔出试验三个部分组成。其中，前两个试验主要用于测量钢筋与混凝土的界面参数，为有限元数值模拟提供参数；基于摩擦损伤的拔出试验主要用于揭示拔出过程中导致粘结力降低的原因。

2.3 高温后胶结剪切试验

为研究不同温度经历对钢材与混凝土间化学胶着力的影响，设计了专门的试验装置测量了钢材与混凝土间的化学胶着强度，并归纳了化学胶着强度随温度的变化规律。

2.3.1 试件制作

结合课题小组以前的研究成果，混凝土采用与以往相同的配合工艺制成。

钢板：轧制钢板；

水泥：上海水泥厂生产的海螺 42.5R 牌普通硅酸盐水泥；

磨细矿渣：上海水泥厂生产的 S90 级磨细高性能矿渣复合掺合料；

硅粉：上海天恺硅粉材料有限公司生产的微硅粉；

细骨料：细度模数为 2.5 左右的中砂；

粗骨料：5～20mm 粒径钙质（青石）连续级配碎石；

高效减水剂：上海花王化学有限公司生产的萘系“迈地-100”；

拌合水：自来水。

配置 C100 高性能混凝土，配合比见表 2.1。

C100 混凝土配合比 **表 2.1**

每立方米混凝土各种材料用量（kg/m³）							坍落度（mm）
水泥	矿渣	硅粉	水	砂	碎石（5～20mm）	减水剂	200
420	120	60	162	615	1140	9.526	

搅拌工艺：先投入水泥、矿渣、硅粉、砂及碎石，搅拌均匀后加入一半的水搅拌约 2min，然后加入另一半水并紧跟着加入减水剂，搅拌 6～8min 后出料，实测坍落度在 200～220mm 之间，如图 2.1、图 2.2 所示。采用特制的专用模具，试件尺寸为 100mm×100mm×150mm，在试件的左、右表面粘贴厚度为 5mm 钢板，如图 2.3 所示。

人工插捣密实后用刮刀插实周边、抹平表面，在试验室放置 1 天后拆模。拆模后在 HBY-40Z 型水泥恒温恒湿标准养护箱内养护 28 天，温度为 20±3℃，设备如图 2.4 所示。将试件取出放在室内自然干燥 1 个月后试验。试件分为 4 组（G1～G4），每组 6 个试件分别对应 6 个温度工况，共计 24 个试件。

2.3.2 升温制度

试验设计温度为 25℃、200℃、300℃、400℃、500℃、600℃。高温试验采用 DRX-

36 型混凝土高温试验设备，如图 2.5 所示。炉膛有效尺寸为 700mm×600mm×530mm（深×宽×高）。该设备经设定后自动控温，升温速率约为 10℃/min，当炉膛温度接近设定温度值之前，该设备自动减缓升温速度，避免过热冲击。当炉膛温度达到设定温度后，恒温 45min 之后打开炉门，让试件随炉自然冷却至室温。温度升温曲线如图 2.6 所示。

图 2.1　搅拌工程

图 2.2　出料后测量坍落度

图 2.3　胶结剪切试件

图 2.4　试件标准养护箱

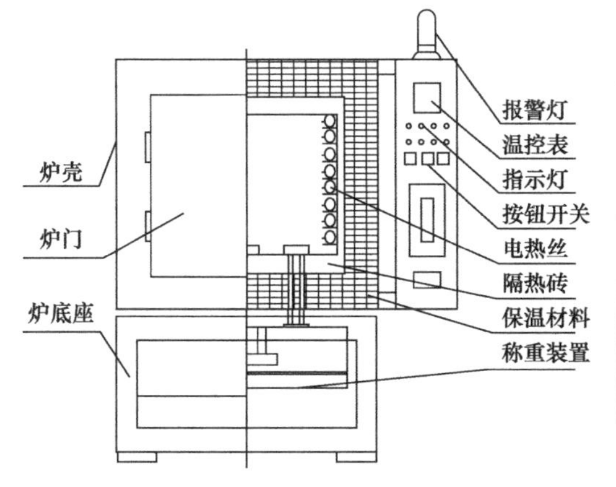

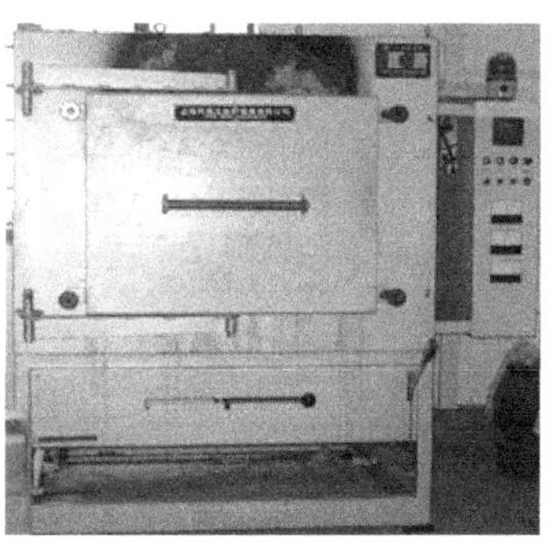

图 2.5　高温试验升温设备

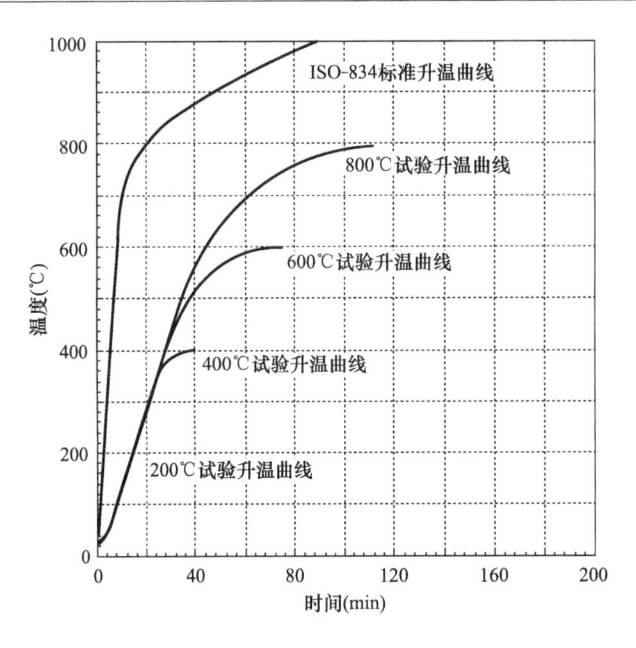

图 2.6　升温曲线

2.3.3　加载制度与装置

胶结剪切试验在 TSY-2000 型电液压力试验机上进行，试验设备如图 2.7，加载示意图如图 2.8 所示。

图 2.7　试验设备

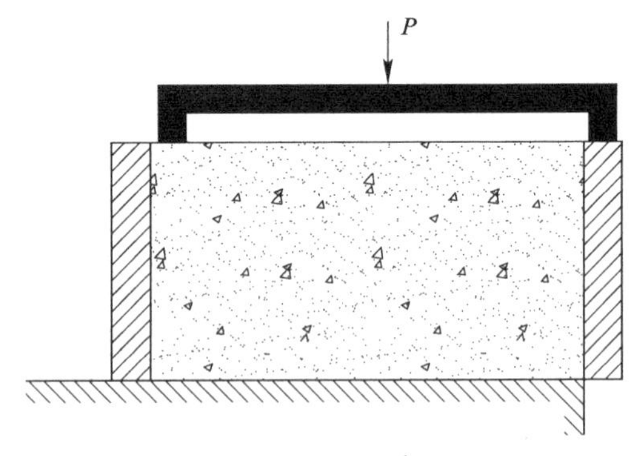

图 2.8　示意图

加载过程采用力控制，加载至钢板脱落时记录竖向荷载 P，加载速率不高于 0.5kN/sec。由当时的荷载 P 和胶结面积 A，即可求得平均胶结剪切强度 τ_a。

$$\tau_a = \frac{P}{2A} \tag{2.1}$$

2.3.4　试验结果与现象

1. 混凝土立方体抗压强度

对于上述试件所采用的高强混凝土，在浇筑胶结剪切试件的同时用钢模制作 100mm×100mm×100mm 的立方体试块。试块和试件在同条件下养护，养护期均为 28 天。高温试验时，当温度超过 300℃后，混凝土试块出现爆裂，爆裂时有闷响，高温爆裂后试块如图 2.9 所示，类似的试验现象可见参考文献［15］～［19］。

(a)

(b)

图 2.9　高温后混凝土试块的爆裂

混凝土材料抗压强度试验在同济大学材料学院混凝土材料性能试验室进行。抗压强度采用量程为 1000kN 的 NYL-3000 型液压试验机，如图 2.10 所示。

图 2.10　NYL-3000 压力试验机

加载速率为 0.2～0.5MPa/sec，当试块临近破坏而开始迅速变形时，停止调整液压机油门，直至试块破坏。不同龄期的混凝土强度见表 2.2。高温后高性能混凝土残余强度及混凝土强度折减系数分别见图 2.11 和图 2.12。

经历不同温度作用后立方体试块的残余强度见表 2.3，随温度的变化规律见图 2.11 和图 2.12。

混凝土立方体抗压强度　　表 2.2

试验批次	极限荷载（kN）			抗压强度均值（MPa）	均方差	变异系数
7 天	763.5	725.9	740.5	74.33	1.551	2.08%
14 天	870.3	898.7	889.6	88.62	1.402	1.58%
28 天	955.2	945.2	928.6	94.3	1.203	1.28%

注释：本试验采用 100mm×100mm×100mm 的立方体试块，28 天强度均值乘以折减系数 0.92 后换算为 150mm×150mm×150mm 标准试块强度为 86.76MPa。

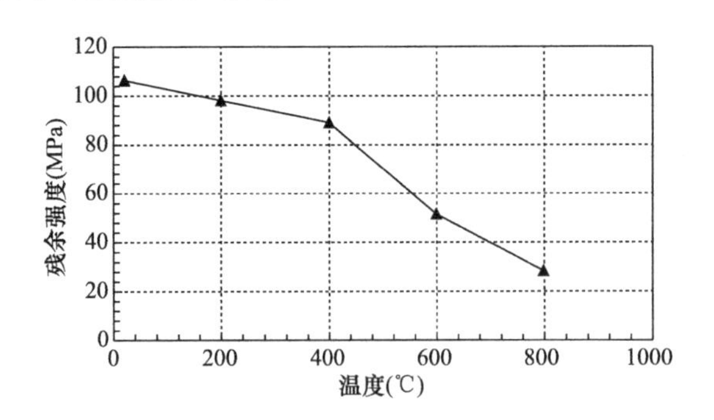

图 2.11　高温后混凝土残余强度

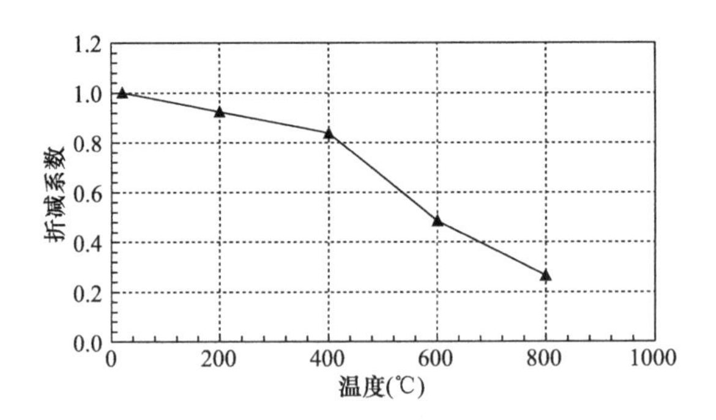

图 2.12　高温后混凝土强度折减系数

高温后混凝土立方体抗压强度　　　　**表 2.3**

温度（℃）	20	均值	200	均值	400	均值	600	均值	800	均值
f_{cu}(MPa)	107.6	106.4	93.7	98.2	95.1	88.9	51.6	52.7	26.7	28.0
96.9	104.0	83.1	60.5	28.8						
114.7	96.9	88.5	45.9	28.4						
折减系数		1.00		0.92		0.84		0.49		0.26

目前，国内外研究者对普通混凝土在高温后的各种力学性能进行了大量的研究，取得了丰硕的研究成果。但因国内外在高性能混凝土的试验标准、组成材料、配合比及施工工艺等方面存在差异，所以在进行比较时，更多的选用了国内的研究成果。图 2.13 同时给出了不同研究者得到的普通混凝土或高性能（高强）混凝土高温后的抗压强度变化规律曲线，这些曲线是在基本相近的条件下得到的。

由图 2.13 可见，对于普通混凝土，当经历的温度低于 400℃时，混凝土强度基本上没有降低，折减系数约为 0.94～1；当经历超过 400℃的高温，混凝土强度近似直线下降，在经历 800℃高温后，混凝土强度折减系数为 0.14～0.2。

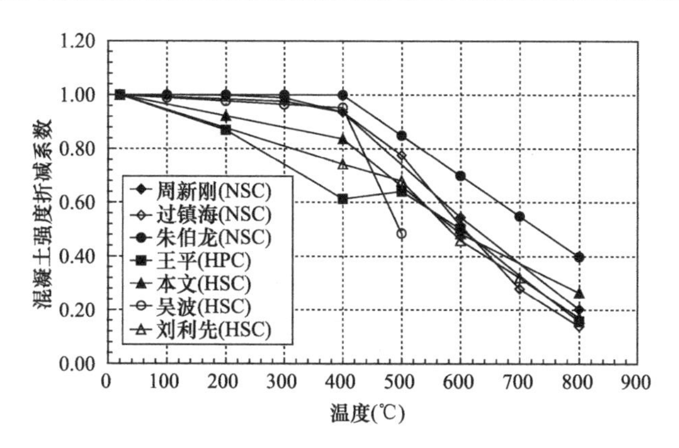

图 2.13　高温后混凝土抗压强度

对于高性能（高强）混凝土，当经历的温度低于 400℃，混凝土强度已经开始下降，折减系数为 0.61～0.84。这是高性能（高强）混凝土高温后力学性能与普通混凝土不同的地方。与普通混凝土相同，当经历超过 400℃高温，混凝土强度大幅下降，经历 800℃高温后，混凝土强度折减系数为 0.14～0.2。

导致高性能（高强）混凝土高温后抗压强度降低的原因为：

T=200℃时，混凝土内部的自由水蒸发，试件内部形成孔隙和裂缝，混凝土抗压强度降低。

T=300℃时，混凝土试件水泥胶体因结合水的脱出而收缩，高温后重新吸水，体积膨胀，促进裂缝的发展，混凝土强度继续下降。

T>400℃后，混凝土强度急剧下降，这是因为水泥胶体与粗骨料的变形差逐步增大，界面裂缝不断开展延伸。已有研究结果表明，高性能（高强）混凝土的爆裂也多发生在 300℃～600℃，所以 300℃～600℃温度区间成为高性能（高强）混凝土材料性能的劣化区域，随温度的升高而急剧下降。

T>500℃后，$Ca(OH)_2$ 开始脱水，体积膨胀，促使裂缝进一步发展。

T>600℃后，水泥中未水化的颗粒和骨料中的石英成分晶体化，伴随着巨大的膨胀，甚至在骨料内部形成裂缝。

混凝土强度越高，高温下强度损失越大，混凝土高温后的残余强度比高温时普遍要低，这是因为高温后的降温过程中，形成了反向温度梯度，温度内高外低，混凝土的性能进一步恶化，出现了新的损失。

综上所述，高温使得混凝土强度损失和变形性能恶化的主要原因是：

(1) 各种水分蒸发，在混凝土内部形成了孔隙和裂缝；

(2) 粗骨料和其周围的水泥浆体热工性能不协调，产生变形差和热应力；

(3) 骨料本身的受热膨胀破裂，这些内部损伤的发展和积累随温度升高而更趋严重。

2. 胶结剪切强度

胶结剪切试验结果如表 2.4 所示。从中可见，随经历温度的升高，胶结剪切强度呈降低趋势。并且当温度超过或达到 400℃时，出现自由脱落，随温度的升高脱落几率增加。从测得的数据可见轧制钢与 C100 高性能混凝土间的化学胶着力很小，即使常温条件下其数值也不高于 2.0MPa。因此，在钢筋与混凝土粘结力的三个组成部分中，化学胶着力发挥的作用很小。此外，由加载过程发现，化学胶着力在产生剪切滑移的瞬间丧失，呈脆性破坏。

不同温度经历试件的化学胶结剪切强度 **表 2.4**

温度	G1（MPa）	G2（MPa）	G3（MPa）	G4（MPa）	均值	均方差	变异系数
20℃	1.947/2.101	1.868/1.954	1.249/1.874	1.745/1.579	1.79	0.25	13.98%
200℃	1.206/1.294	1.641/1.473	1.326/1.447	1.568/1.723	1.46	0.167	11.46%
300℃	0.832/0.946	1.432/1.067	1.134/0.974	1.226/1.341	1.15	0.157	13.69%
400℃	0.491/0.581	1.038/0.946	脱落/0.798	1.231/1.066	0.857	0.348	40.64%
500℃	0.328/0.5	0.641/0.438	0.547/0.468	脱落/0.501	0.386	0.276	71.51%
600℃	脱落/0.143	0.204/脱落	脱落/0.189	脱落/脱落	0.153	0.499	325.88%

3. 高温后胶结剪切试件表观特征

从受热后混凝土表面颜色看，不同种类混凝土高温后颜色变化是不同的。物质的颜色与其成分有关，高温后混凝土呈现出不同的颜色是由于混凝土组成成分的分解导致。常温下混凝土的颜色基本为黑、红和白三种颜色的混合。黑色为硅的化合物，如烧制黏土砖的芯部物质。红色和褐色通常表示含有铁的氧化物。呈现白色的矿物有石英等[20-22]。

炉膛温度超过 400℃以后，由于混凝土失水干缩、热膨胀系数与钢材不同等因素的影响，钢板发生脱落，脱落几率随温度的升高而增大，如图 2.14 所示。常温下混凝土与钢板的化学胶着力相对较强，剪切试验后试件剪切面边缘略带参差，图 2.15 所示。高温后化学胶着力降低，试件剪切面平整，有龟裂，如图 2.16 所示。高温后钢板未脱落的试件中，剪切面也受到了严重破坏，裂缝达到肉眼可见的程度，如图 2.17 所示，不同温度经历的试件外观如图 2.18 所示，600℃温度经历试件表面龟裂如图 2.19 所示。以上表观现象对评价高强混凝土或钢—混组合结构火灾经历温度具有一定的参考价值。

图 2.14 钢板在高温试验中脱落

图 2.15 常温试件剪切面

图 2.16　试件高温剪切面（600℃）

图 2.17　高温对剪切面的破坏（600℃）

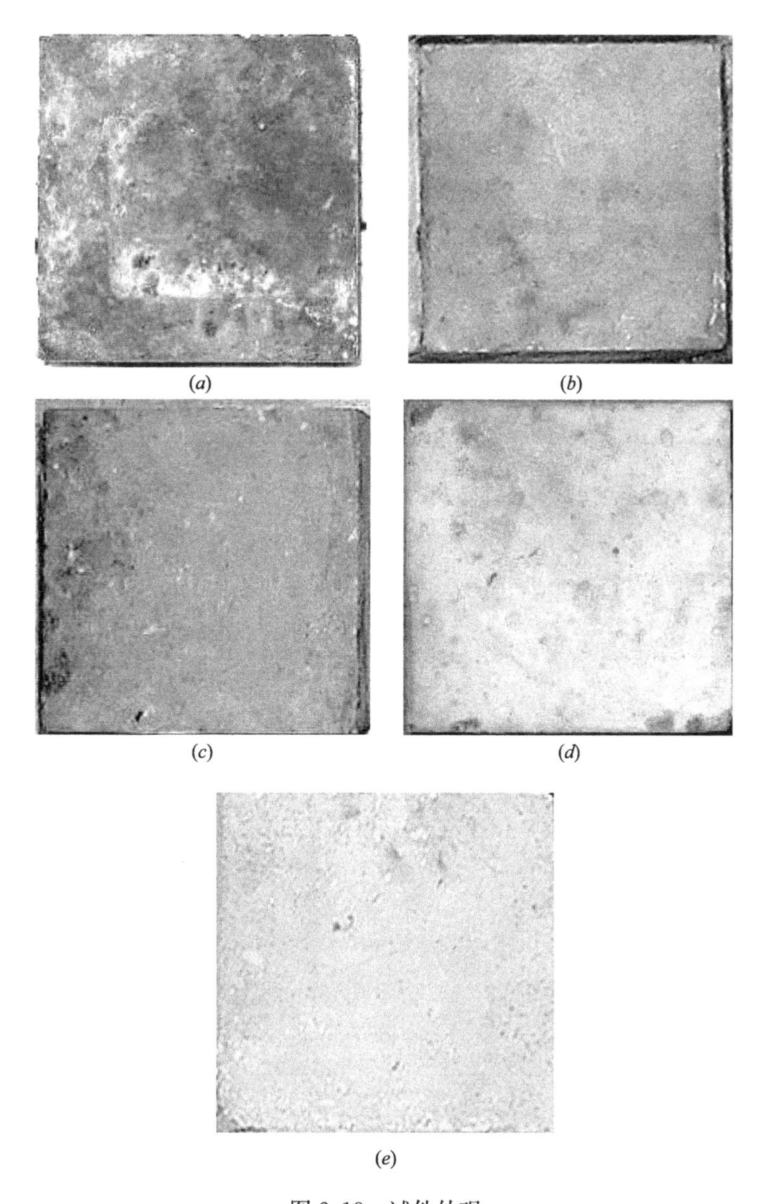

(*a*)　(*b*)　(*c*)　(*d*)　(*e*)

图 2.18　试件外观

(*a*) 200℃；(*b*) 300℃；(*c*) 400℃；(*d*) 500℃；(*e*) 600℃

图 2.19　试件表面的裂纹

高温后胶结剪切试件表观特征随温度的变化一览表见表 2.5。

高温后胶结剪切试件表观特征一览表　　表 2.5

最高温度	表面颜色	表面裂纹	钢板有无脱落	剪切面平整度
20℃	深青	无	无	边缘有参差
200℃	灰偏黑	无	无	边缘有参差
300℃	灰偏黑	无	无	较平整
400℃	褐色	细龟裂	有	平整有龟裂
500℃	红褐色	稍密龟裂	有	平整有龟裂
600℃	灰泛白	密龟裂，贯通	有	平整有龟裂

4. 胶结剪切强度随温度的分布特征

为研究胶结剪切强度随温度的变化特征，将不同温度经历试件的化学胶着强度用柱状图表示，如图 2.20 左侧所示。可见胶结剪切强度与温度的线性关系显著，图 2.20 中右侧图为线性拟合结果，图中散点为试块左右化学胶着强度均值。

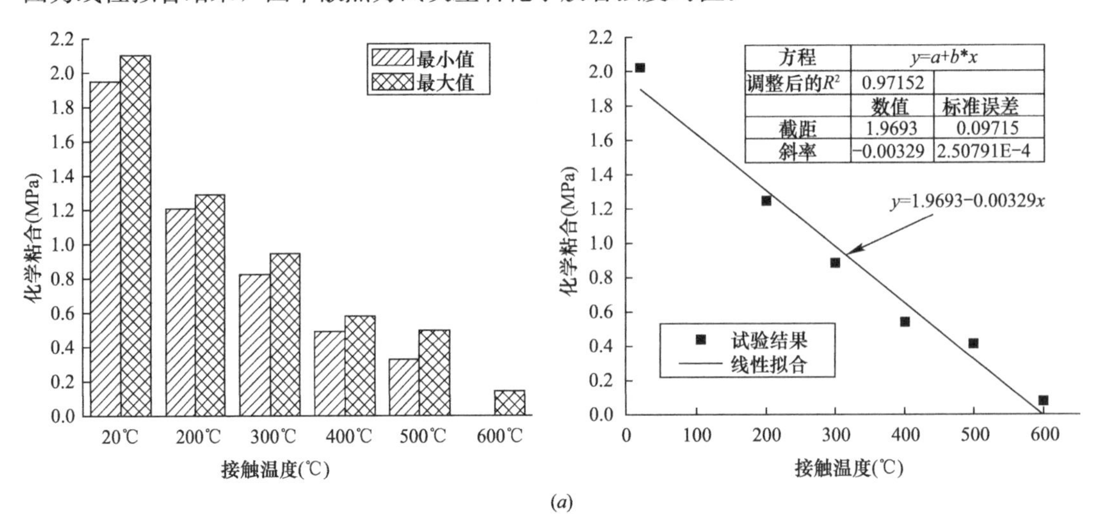

图 2.20　胶结剪切强度随温度的变化特征（一）

(a) G1

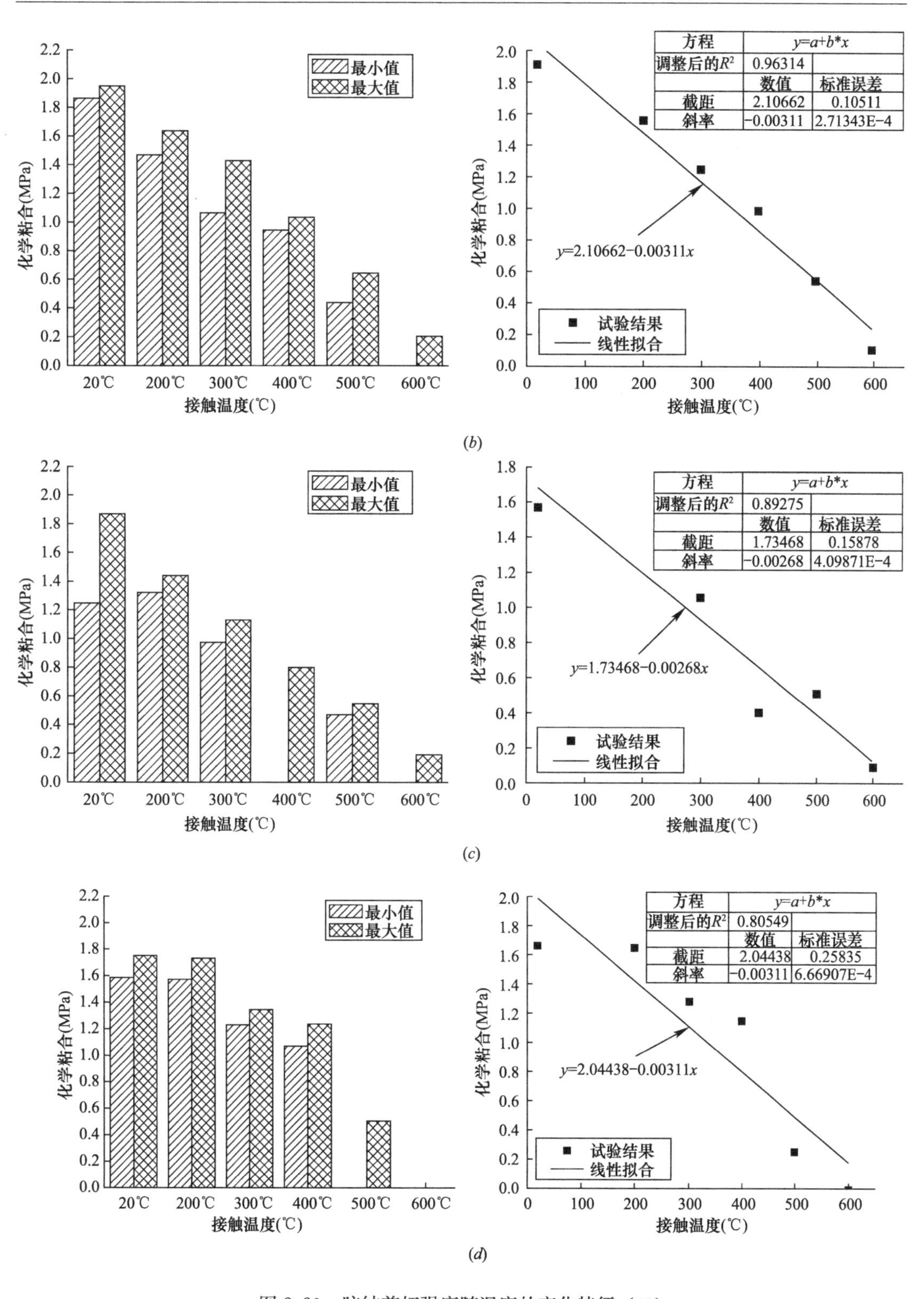

图 2.20　胶结剪切强度随温度的变化特征（二）

(b) G2；(c) G3；(d) G4

高温后高性能混凝土和轧制钢之间的胶结剪切强度 τ 随温度经历 T 增大而减小，变化趋势可用如下线性函数表示：

$$\tau = a + b \times T \tag{2.2}$$

四组试件中，a 的取值范围为 1.73468～2.10662，b 的取值范围为－0.00311～－0.00268。然而，由表 2.5 统计结果可知，当温度经历超过 400℃后，钢板在不均匀膨胀的作用下时有脱落，温度经历越高脱落几率越大，导致变异系数增大。因此，处于保守考虑，作者建议对与温度经历超过 400℃的粘结—滑移问题不再计入化学胶着力的影响。通过对四组试块的对比分析得出以下结论：

（1）高性能混凝土与轧制钢之间的胶结剪切强度随温度经历的升高而线性降低；

（2）对于温度经历超过 400℃的粘结—滑移问题可忽略化学胶着力对粘结强度的贡献。

2.4 高温后摩阻试验

2.4.1 试验原理

变形钢筋拔出的过程中既有钢筋与混凝土间的摩擦也有滑移路径上混凝土之间的摩擦，如图 2.21 所示。因此，应当测量不同温度经历的混凝土与轧制钢和混凝土之间的动、静摩擦系数。

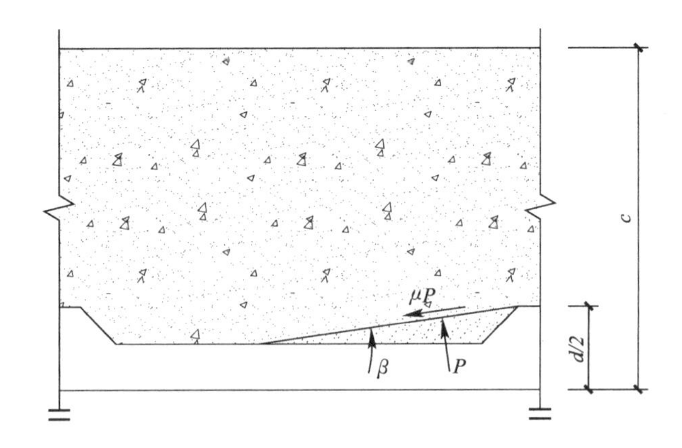

图 2.21 混凝土受力分析模型

由于钢板为轧制表面，故试验可基本反应混凝土与轧制钢筋间的摩擦系数。钢筋锈蚀使钢筋表面产生锈坑，增加了钢筋表面的粗糙度，这样钢筋和混凝土之间的咬合力增强，因而钢筋和混凝土之间的粘结力和摩擦力都有所增加。本试验采用无锈轧制钢板测量了轧制钢和混凝土之间的摩擦系数。试验装置如图 2.22、图 2.23 所示。

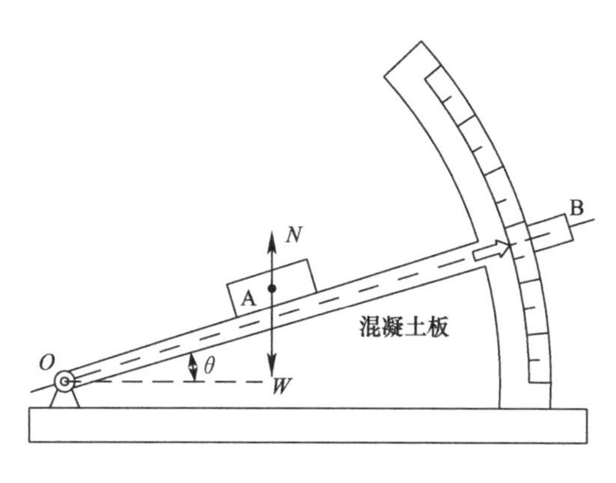

图 2.22　静摩擦系数测量装置

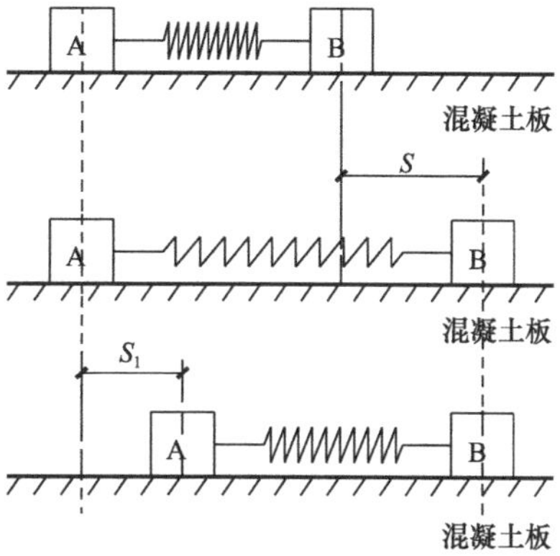

图 2.23　动摩擦系数测量装置

为反映轧制钢筋的表面特点，测量钢筋—混凝土之间摩擦系数时，钢制滑块由厚度 5mm 的轧制钢板切割而成，见图 2.24。试验平台用水平尺矫正以减少误差，见图 2.25。

图 2.24　轧制钢板

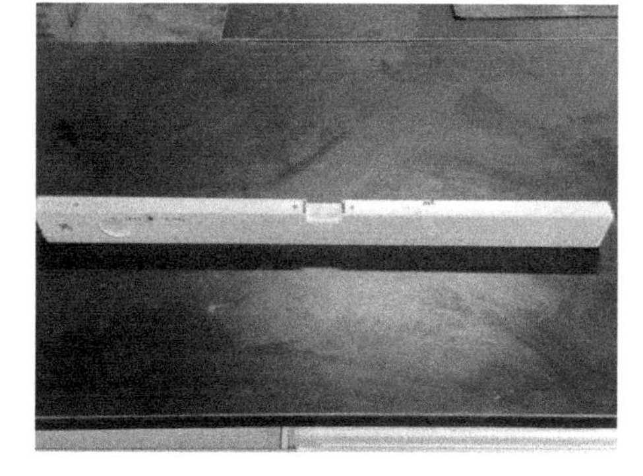

图 2.25　水平尺

测量静摩擦系数时，缓缓升高混凝土板直到滑块恰好自由滑落，记录混凝土板的倾角；滑块沿斜面向下的分力与滑块的静摩擦力为一对平衡力：

$$W\sin\theta = \mu W\cos\theta \tag{2.3}$$

$$\mu = \tan\theta \tag{2.4}$$

测量动摩擦系数时，选取刚度系数为 k 的弹簧并使其处于自然状态，然后固定滑块 A 而迫使 B 发生位移 S，固定滑块 B，松开 A 让其在弹簧的牵引下滑动至静止，并记录此时 A 的位移 S_1。弹簧秤最大量程为 70N，刚度系数为 14N/cm，如图 2.26。位移采用量程为 150mm，精度为 0.02mm 的游标卡尺进行测量，如图 2.27 所示。

根据动能定理，弹簧对滑块 A 所做的功与滑动摩擦力对滑块 A 做的功相等：

$$\int_{S-S_1}^{S} kx\,\mathrm{d}x = \mu W S_1 \tag{2.5}$$

$$\mu = \frac{k(2S - S_1)}{2W} \tag{2.6}$$

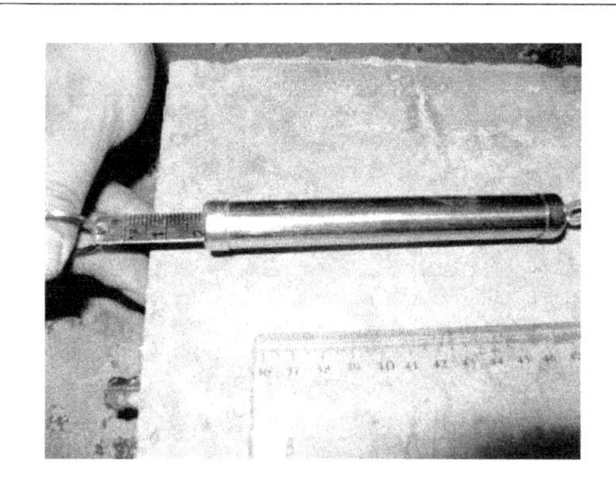

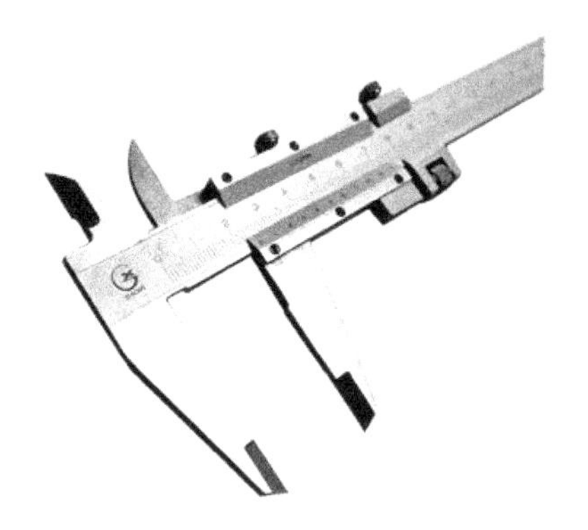

图 2.26　弹簧秤

图 2.27　游标卡尺

每组试件重复试验 10 次，以求得摩擦系数的均值。高温试验的升温设备与图 2.3 相同，高温后混凝土滑块如图 2.28 所示，混凝土间动摩擦系数的测量如图 2.29 所示。

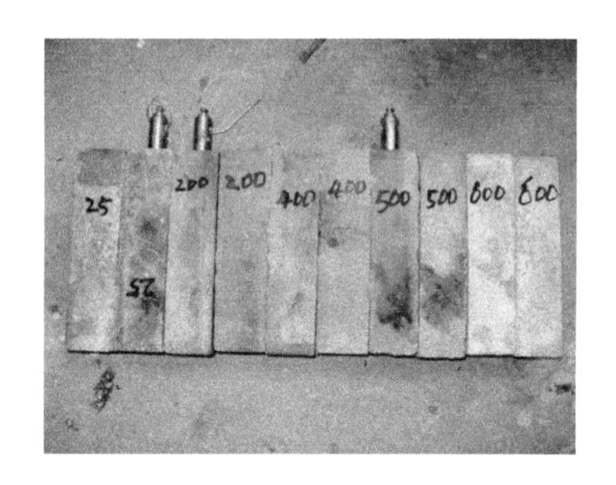

图 2.28　高温后混凝土

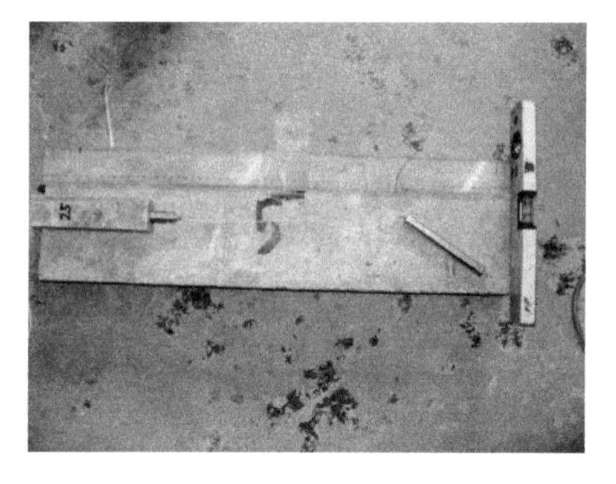

图 2.29　混凝土间动摩擦系数的测量

2.4.2　试验结果

摩擦系数的测量结果基于以下两点假定：

(1) 摩擦生热引起的内能消耗均忽略不计；

(2) 滑块在低速运动时动摩擦系数不变。

高温后混凝土间的动、静摩擦系数见表 2.6。

高温后混凝土之间的动、静摩擦系数　　**表 2.6**

温度	滑块自重	静摩擦系数		动摩擦系数		
	W(N)	θ(°)	μ	S(mm)	S_1(mm)	μ
20℃	6.958	27.4	0.518	2.8	5.061	0.542
200℃	6.963	27.6	0.523	2.8	5.07	0.533

续表

温度	滑块自重	静摩擦系数		动摩擦系数		
	W(N)	θ(°)	μ	S(mm)	S_1(mm)	μ
300℃	6.831	28.4	0.541	2.8	5.062	0.551
400℃	6.797	29.3	0.561	2.8	5.052	0.564
500℃	6.762	30.2	0.582	2.8	5.05	0.569
600℃	6.704	29.6	0.568	2.8	5.044	0.581

高温后混凝土与轧制钢间的动、静摩擦系数见表 2.7。

高温后混凝土与轧制钢间的动、静摩擦系数　　表 2.7

温度	滑块自重	静摩擦系数		动摩擦系数		
	W(N)	θ(°)	μ	S(mm)	S_1(mm)	μ
20℃	3.822	15.7	0.281	2.8	5.457	0.261
200℃	3.741	16.8	0.302	2.8	5.464	0.255
300℃	3.698	15.9	0.285	2.8	5.451	0.283
400℃	3.845	17.1	0.308	2.8	5.435	0.301
500℃	3.744	16.9	0.304	2.8	5.428	0.321
600℃	3.876	17.2	0.311	2.8	5.418	0.328

试验研究发现，高温后混凝土间的摩擦系数在 0.5～0.6 之间，轧制钢与混凝土之间的摩擦系数在 0.25～0.35 之间。不同温度经历试件的动、静摩擦系数比值在 1 上下波动。通过对表 2.6 和表 2.7 中摩擦系数的分析发现：

(1) 高温后混凝土间的摩擦系数在 0.5～0.6 之间；

(2) 高温后轧制钢与混凝土之间的摩擦系数在 0.25～0.35 之间；

(3) 摩擦系数基本不随温度经历而变化。

2.5 高温后基于摩擦损伤的粘结试验

通过自行设计的加载装置研究了不同温度经历的高强混凝土与钢筋之间的粘结滑移性能。试验中将横向压力作为重要的研究参数，研究了各级压力水平下粘结应力的变化趋势，归纳了横向压力与粘结应力的关系。

2.5.1 钢筋拔出过程中的损伤机理

在拔出过程中，当肋间混凝土咬合齿被剪断后，锥楔作用的传力机制便不再存在。随钢筋被缓缓拔出，粘结应力迅速下降。其主要原因有两方面：第一，被剪坏的凹凸界面逐渐被挫平损伤，水泥石颗粒磨细，界面阻力降低；第二，随滑移量的增加不断的有混凝土粉末被刮出，导致接触面压力减小，如图 2.30 所示。

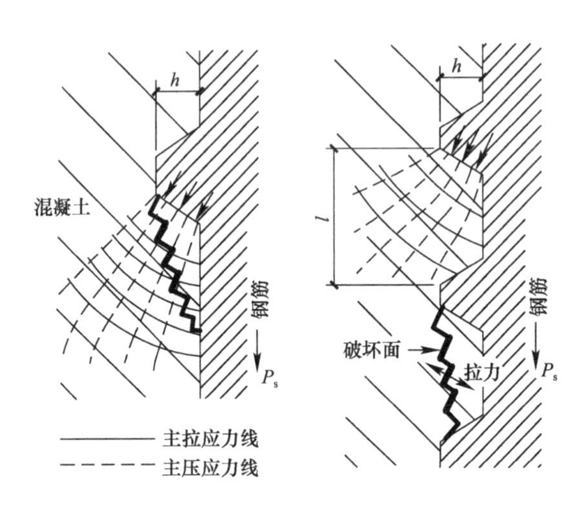

图 2.30　钢筋拔出过程中混凝土的损伤

2.5.2　试件的制作

为测量高应力水平下摩擦力的衰减规律，设计如图 2.31 所示的试件，混凝土试块的尺寸为 100mm×100mm×150mm，在试块的上表面三分点预留两个半径为 7mm 的半圆状槽。针对 25℃、200℃、300℃、400℃、500℃、600℃等 6 个温度工况各制作 8 个试件，共计 48 个。混凝土试块所采用的配合比与之前相同，高温试验加载设备仍用图 2.5 所示电炉。

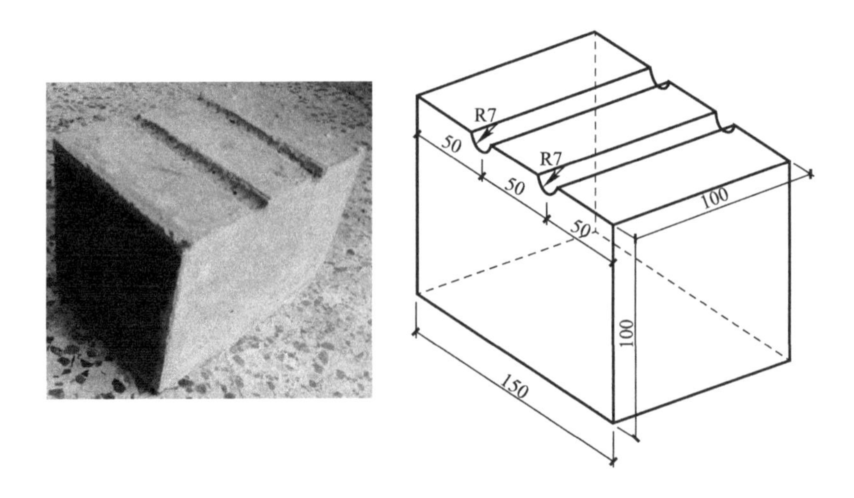

图 2.31　摩擦损伤试验试块

进行拔出试验时，两个试件一组，有预留槽的面相对，在中间卡入人工焊接的H型加载装置，H型钢上下翼缘中心线间的距离与试件凹槽中心线的间距精确吻合，如图2.32所示。为保证试验过程中钢筋和混凝土始终保持100mm的粘结长度，型钢设计长度为160mm。在H型加载装置的翼缘端沿型钢长度方向焊接4根ϕ12热轧月牙纹钢筋，钢筋横肋与腹板平行。

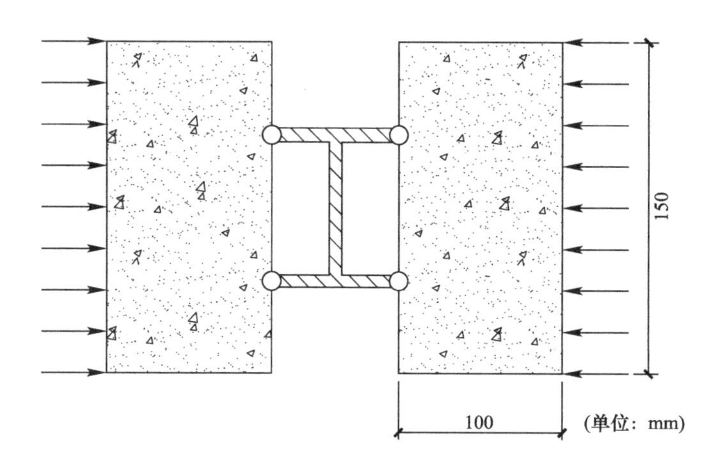

图2.32　基于摩擦损伤的粘结试验

2.5.3　加载制度与加载装置

本试验在同济大学建筑工程系结构试验室完成。试验开始时，首先在水平方向施加预压力P夹紧试块，然后由竖向千斤顶对H型加载装置施加竖向压力F。试验过程中采集竖向千斤顶压力F和加载装置相对于左右两个试块的位移值，取左右位移计的均值作为滑移量；同时，水平方向预压力P由传感器实时监控。按此加载方案逐步提高水平方向预压力，以10kN递增，直到混凝土试块破坏为止。由试件的设计和构造可知H型钢每个翼缘分担的压力为$P/2$，粘结应力τ和竖向千斤顶压力F的转换关系为：

$$\tau=\frac{F}{2\times\pi dl} \tag{2.7}$$

式中，d为钢筋直径，l为粘结长度；d取12mm，l取100mm。

试验在刚度较大的自平衡反力架上进行，如图2.33所示。竖向液压千斤顶额定荷载为500kN，由力控制加载，加载速率为5kN/min。

图2.33　自平衡反力架

为排除液压千斤顶漏油对试验的不利影响，

水平方向采用手动千斤顶，额定荷载为 300kN，在端部串联力传感器，试件与加载装置的连接如图 2.34 所示。试验前对传感器进行标定，如图 2.35 所示。

图 2.34 试件与加载装置的连接

图 2.35 传感器的标定

2.5.4 试验现象与试验结果

随着竖向千斤顶的下移，不断有混凝土粉末被刮出，在加载装置下方积累了大量的混凝土粉末，如图 2.36 所示；钢筋的肋间充满了被剪断的混凝土键，如图 2.37 所示。因此在横向压力较低的情况下，粘结破坏形式与刮出式破坏相似。为了不影响下次试验结果，每次加载完毕后清除肋间混凝土；当所有试验完成后，钢筋肋仍然完好，不影响试验结果。

图 2.36 刮出的混凝土粉末

图 2.37 肋间剪断的混凝土键

图 2.38 中，左侧为不同温度经历混凝土在各级横向压力作用下的粘结滑移本构曲线，右侧为对应的横向压力值在试验过程中的衰减曲线。由图 2.38 可见，混凝土的粘结强度随施加的横向压力的提高而增大。然而，高温对混凝土的损伤致使混凝土所能承受的横向压力水平迅速降低，经历温度越高所能承受的横向压力越低（400℃除外），因此粘结性能退化越明显。通过对比发现，大多数粘结滑移关系曲线的下降段与对应的横向压力衰减曲线的趋势和走向都极为相似，可由此推断横向压力的衰减是导致刮出式破坏中粘结滑移本

构曲线出现下降段的原因。在常规粘结性能对比试验中，钢筋和混凝土界面横向压力是由于钢筋的锥楔作用所引起混凝土的被动约束而产生，而书中的横向压力是作为主动约束直接施加到混凝土试件上，同时，结合图 2.36 所示的试验现象可知，试验过程中钢筋和混凝土界面损伤后，不断有混凝土粉末被刮出是致使横向压力迅速降低的主要原因。

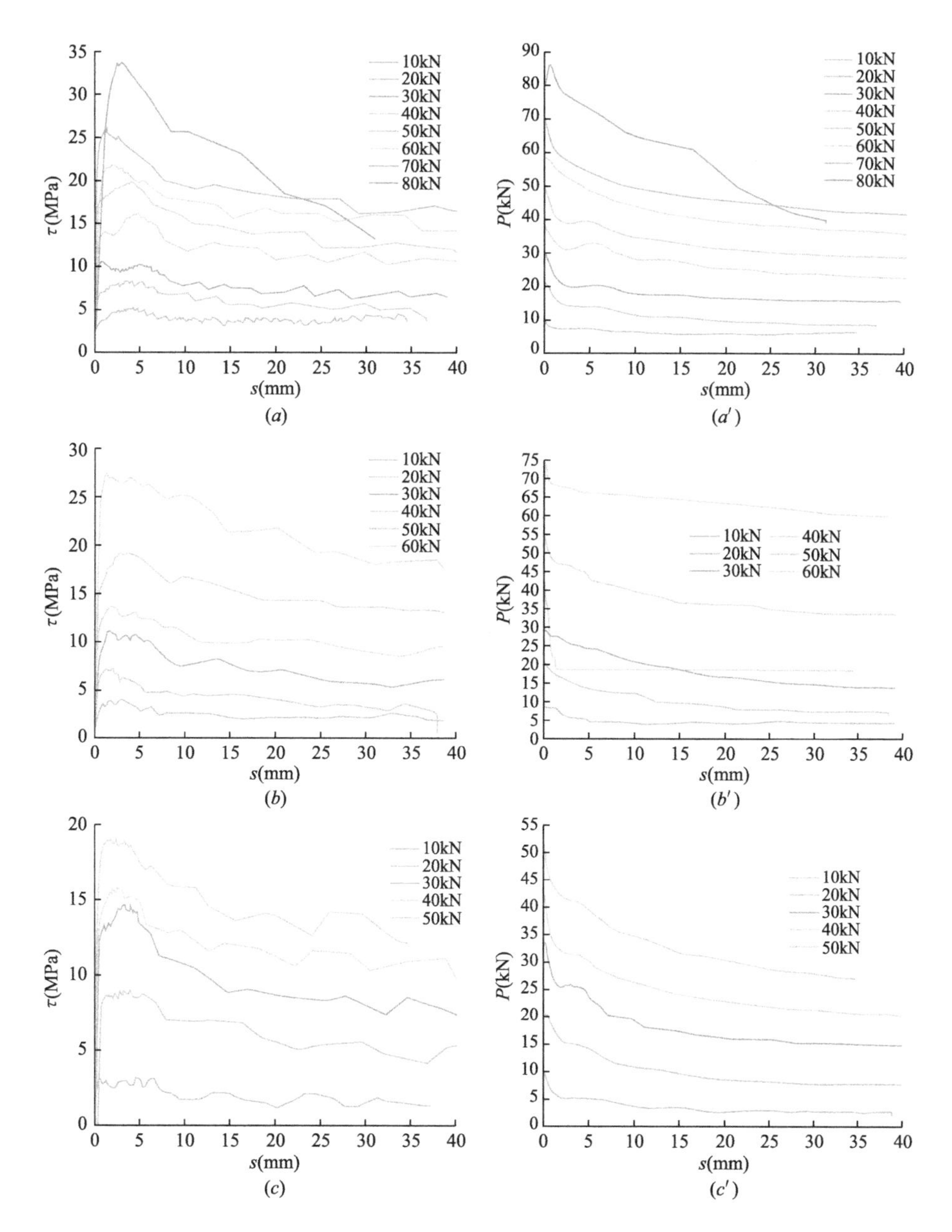

图 2.38 各级横向压力水平下的粘结滑移曲线与横向压力衰减曲线（一）

(a) 20℃温度经历粘结滑移关系曲线；(a′) 20℃温度经历横向压力随滑移量的衰减曲线

(b) 200℃温度经历粘结滑移关系曲线；(b′) 200℃温度经历横向压力随滑移量的衰减曲线

(c) 300℃温度经历粘结滑移关系曲线；(c′) 300℃温度经历横向压力随滑移量的衰减曲线

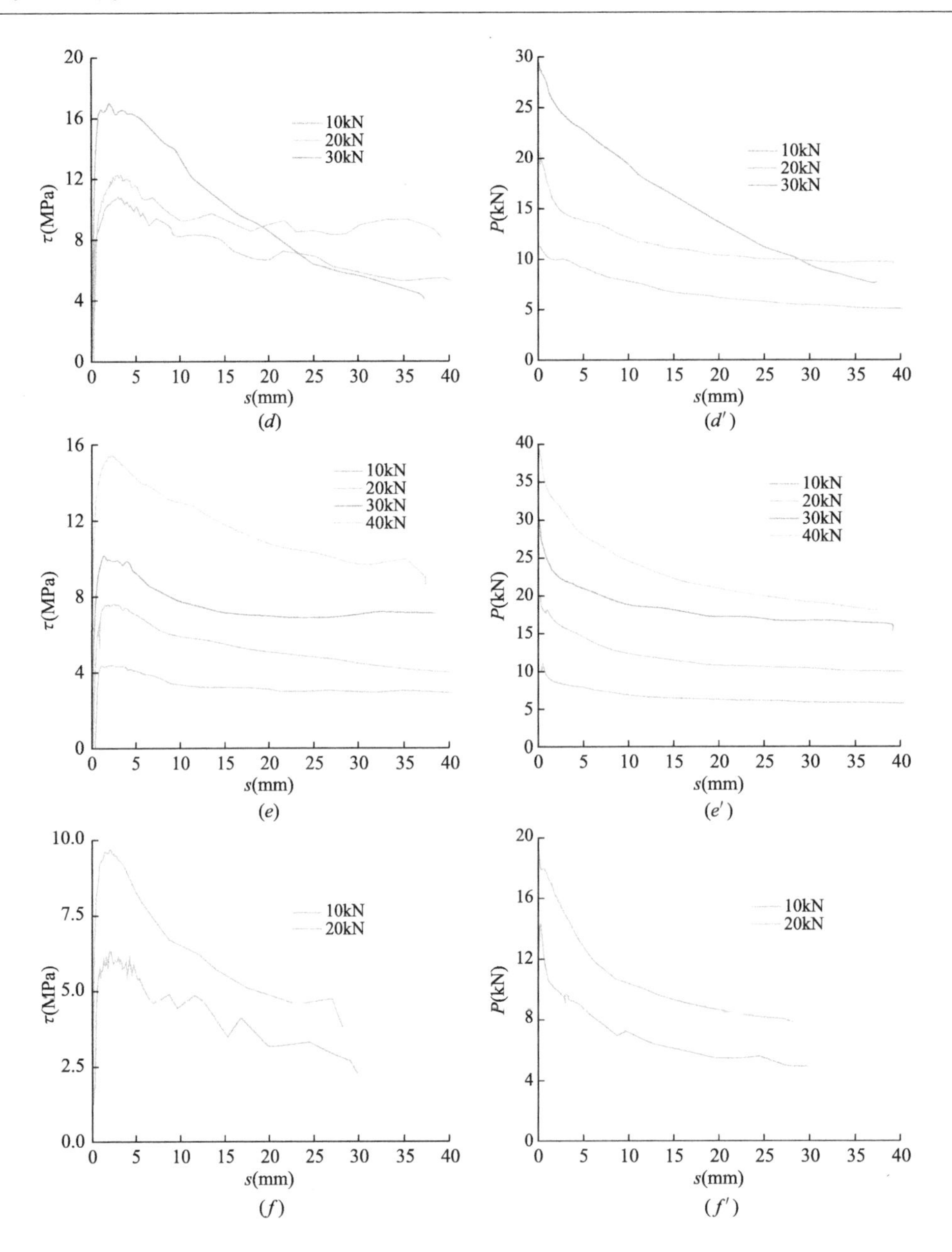

图 2.38　各级横向压力水平下的粘结滑移曲线与横向压力衰减曲线（二）

(*d*) 400℃温度经历粘结滑移关系曲线；(*d*′) 400℃温度经历横向压力随滑移量的衰减曲线

(*e*) 500℃温度经历粘结滑移关系曲线；(*e*′) 500℃温度经历横向压力随滑移量的衰减曲线

(*f*) 600℃温度经历粘结滑移关系曲线；(*f*′) 600℃温度经历横向压力随滑移量的衰减曲线

通过对图 2.38 的对比分析发现，大多数曲线的下降趋势几乎相同，而 20℃和 400℃温度经历的试件在最高横向压力水平下的曲线却与其他曲线相交。其主要原因是当横向压力提高到一定水平后，加载时沿混凝土试块的预留槽口发生劈裂破坏，而混凝土试件存在两种不同的劈裂形式。图 2.39 为两种不同的裂缝发展形式：1）由预留槽口向侧面发展，如图 2.39（*a*）所示；2）由预留槽口向对面发展，如图 2.39（*b*）所示。前者裂缝发展迅速，槽口劈裂部分瞬间脱落，因此曲线下降趋势较快，20℃和 400℃温度经历试件的最终破坏形式与此相同；后者裂缝发展较缓慢，曲线的下降趋势较缓和，200℃、300℃、500℃和 600℃温度经历的混凝土试块均属于此破坏形式。在将来的试验研究中，建议增大槽口至侧边的距离，使裂缝向对面发展，充分发挥试件潜在的粘结性能，减少试验结果的离散性。

(*a*)

(*b*)

图 2.39 混凝土沿槽口的劈裂

（*a*）400℃；（*b*）600℃

此外，200℃温度经历的混凝土试件的横向压力衰减曲线在 40kN 时出现了水平段，然而此压力水平下对应的粘结滑移关系曲线并无异常，经初步分析此异常是由传感器故障所致，故认为粘结滑移关系曲线依然有效。

图 2.40（*a*）为不同温度经历混凝土试块粘结滑移曲线，图 2.40（*b*）为不同温度经历混凝土试块最高横向压力衰减曲线。由图 2.40 可见，高温对混凝土粘结性能的影响十分明显，随温度经历的提高，混凝土的粘结性能迅速退化；与此同时，试块所能承受的横向压力也迅速降低。通过本节研究发现：

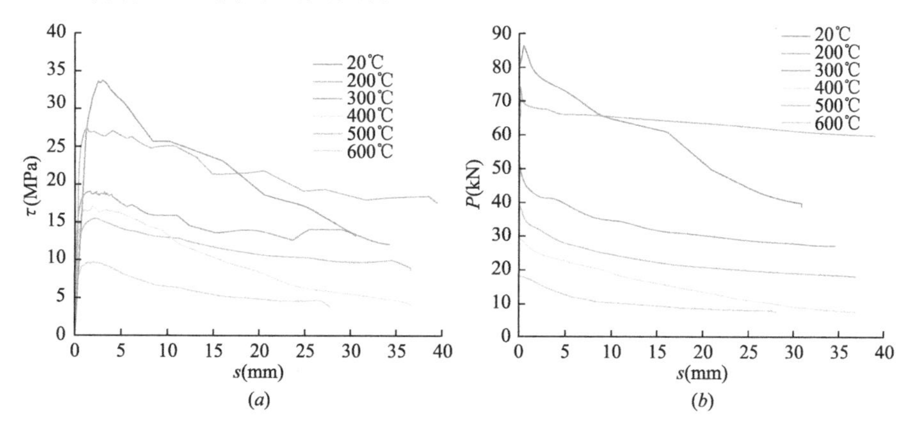

图 2.40 不同温度经历混凝土试块粘结滑移曲线和最高横向压力衰减曲线

（1）拔出试验中，钢筋和混凝土的界面损伤后，不断有混凝土粉末被刮出是致使横向压力迅速降低的主要原因（未发生劈裂破坏的前提下）；

（2）横向压力的衰减是文中粘结—滑移曲线出现下降段的主要原因；

（3）粘结强度随横向压力的提高而增大，高温后高性能混凝土材性退化致使混凝土试块不能承受更高的横向压力是本章试验方法中粘结性能降低的根本原因。

2.5.5 粘结强度随温度的变化规律对比

将粘结强度折减系数与文献［5］［7］［23］的对比图绘于图2.41。从图中看出，无论是普通混凝土还是高性能混凝土，当温度从常温变至300℃时，光圆钢筋和带肋钢筋的粘结强度均降低，但光圆钢筋的粘结强度退化较带肋钢筋更明显。

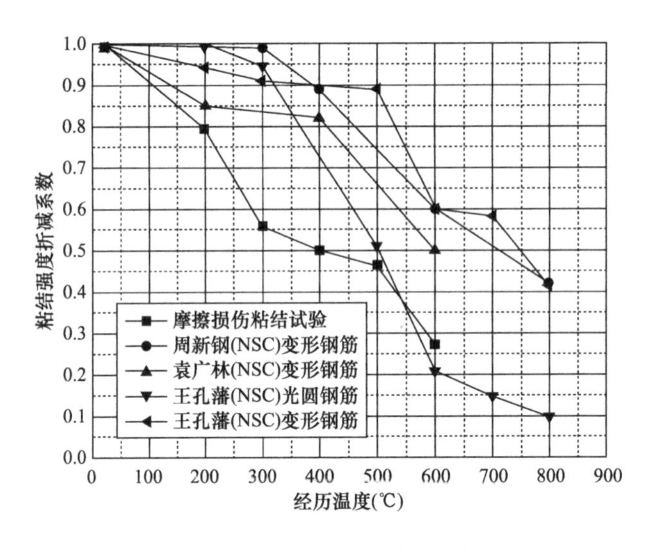

图2.41 粘结强度折减系数

从300℃时，光圆钢筋粘结强度开始迅速下降。这主要是光圆钢筋与混凝土之间的粘结应力主要由混凝土中水泥凝胶体与钢筋表面的化学胶着力和钢筋与混凝土接触面间的摩擦力等组成，当混凝土处于300～400℃时，水泥凝胶体产生破坏，钢筋与混凝土接触面的胶着力和摩擦力将显著下降，从而引起粘结应力的陡降。

400℃时，带肋钢筋的粘结能力下降显著。特别是高性能（高强）混凝土，下降速度很快。这是因为带肋钢筋的粘结能力主要取决于钢筋表面凸出的肋与混凝土的机械咬合力，而这种咬合力的大小主要取决于钢筋外围混凝土的环向抗拉强度。从前面的分析来看，400℃时，混凝土强度开始大幅度下降，粘结强度的变化规律与此相符。

温度高于600℃时，不仅混凝土的凝胶体发生破坏，而且其中的粗骨料也发生显著破坏，从而引起抗拉强度的急剧下降，所以带肋钢筋的粘结强度在温度600℃左右下降梯度大。与混凝土抗压强度比较，带肋钢筋与混凝土的粘结强度在 600℃以下降低得明显，随温度升高，抗压强度降低得反而比粘结强度大。这与混凝土抗拉强度与温度的关系是一致的。因为混凝土与钢筋的粘结性能取决于混凝土的抗拉强度和保护层厚度。

此外，由于试验方法的差异，致使粘结强度折减系数随温度的变化与其他学者的研究结论有所不同，详细分析见 2.5.6。

2.5.6　高温后抗压强度与粘结强度的关系

图 2.42 为粘结强度与高温后混凝土残余强度的关系[5][26][27]。从图中可见，基于摩擦损伤的粘结试验与以往试验研究有所不同，粘结强度折减系数没有明显的转折点；在之前的研究中，粘结强度和混凝土高温残余强度都基本以 400℃为转折点，之前受到温度的影响较小，之后很显著。主要原因是采用的试件在高温试验时混凝土和钢筋的接触界面直接暴露在高温环境中，炉膛温度即为接触面上混凝土的温度；而在拔出试验中，粘结界面始终在混凝土的内部，并不与高温环境直接接触。因此，文中方法受到的高温影响更明显。图 2.43 为作者所在研究小组对正方形混凝土截面温度场的数值模拟结果[28]，受火时间为 114.5min。显然，温度场在混凝土这种热惰性材料内的分布极不均匀，表面温度比截面中心温度高很多，因此将产生较强的温度应力，这也是高强混凝土高温爆裂的主要原因之一[29]~[33]。

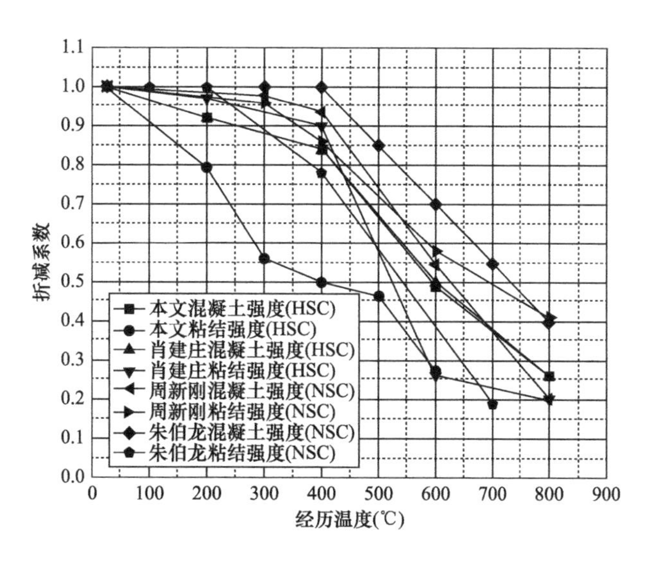

图 2.42　粘结强度和混凝土强度对比

Azizinamini 等针对美国标准 ACI-318-89 中有关钢筋的延伸长度、锚固长度都是针对混凝土强度小于 70MPa 这一情况而制定的事实，研究了高强混凝土（97MPa）与钢筋的粘结性能。Azizinamini 指出，在考虑混凝土强度对高强混凝土与钢筋粘结性能的影响时，采用$\sqrt{f_c'}$较为合理；对于高强混凝土与钢筋的粘结破坏标准应采用强度和延性双重判别条件，不能仅用混凝土抗压强度这一单一指标确定。1996 年，美国的 Darwin[25] 指出，在粘结强度的表达式中关于混凝土强度的影响采用$\sqrt{f_c'}$仍不够准确，他不能正确表达混凝土强度在大范围内变化时混凝土强度与粘结应力的关系。对于强度较低的混凝土来说结果偏低，而对于强度较高的混凝土又估计的过高。Darwin 认为用（f_c'）$^{1/4}$来考虑混凝土抗压强度（强度范围为 17～110MPa）对于粘结强度的影响较为合理。2009 年，同济大学的肖建庄[26]分别研究了高温后粘结强度与（f_c'）$^{1/2}$、（f_c'）$^{1/3}$和（f_c'）$^{1/4}$的关系。

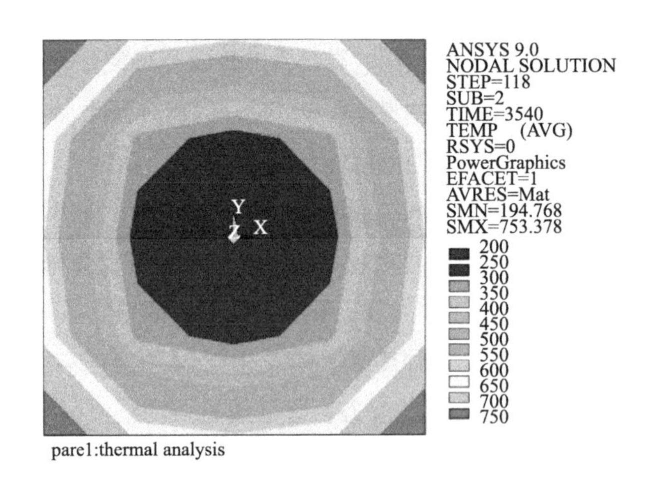

图 2.43　温度场云图

图 2.44～图 2.46 为高温后 $\tau_u/(f_{cu})^{1/2}$，$\tau_u/(f_{cu})^{1/3}$，$\tau_u/(f_{cu})^{1/4}$ 随温度的关系曲线。结果表明，采用文中试验方法测得的粘结强度与混凝土高温后残余强度若干次方均的比值呈下降趋势，而且下降的趋势近似呈线性关系，而本章参考文献［26］中曲线以 400℃为

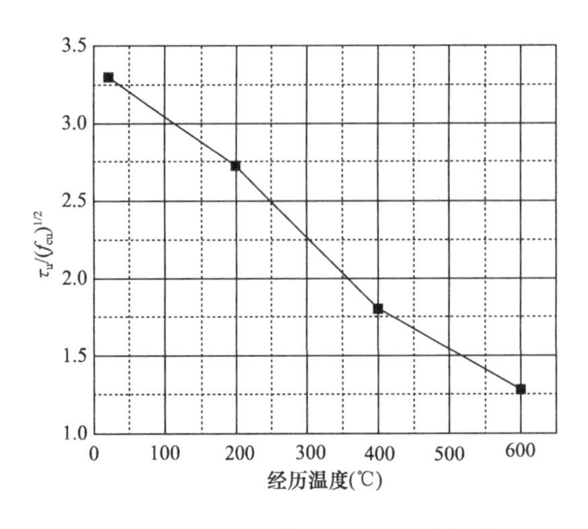

图 2.44　$\tau_u/(f_{cu})^{1/2}$随温度的变化规律

转折点。结合方形截面混凝土温度场数值模拟结果（图 2.43）可知，拔出试件中心的温度比表面温度小很多。因此，高温对文中试验方法中混凝土的材性影响更为显著。

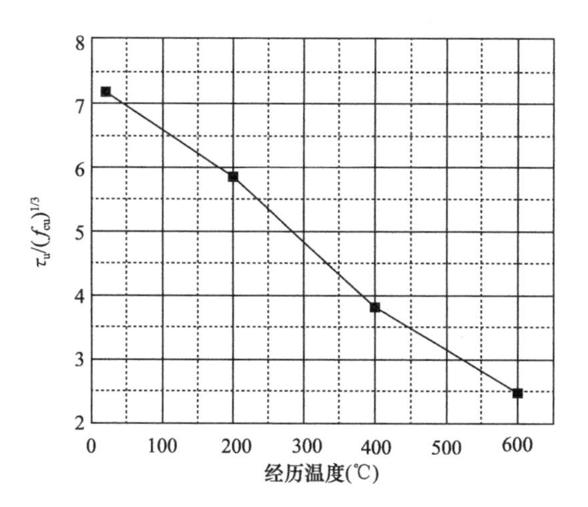

图 2.45　$\tau_u/(f_{cu})^{1/3}$ 随温度的变化规律

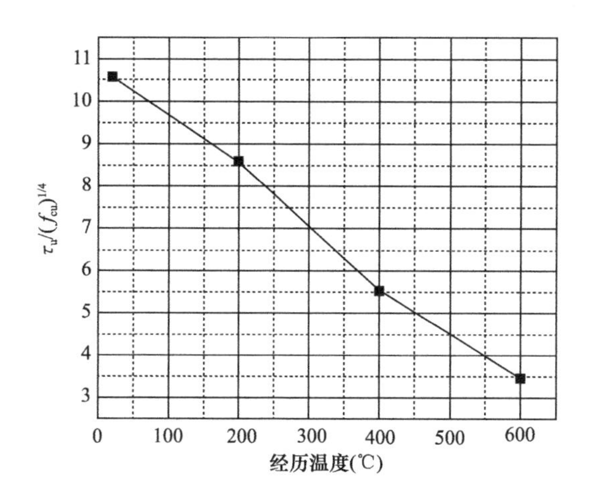

图 2.46　$\tau_u/(f_{cu})^{1/4}$ 随温度的变化规律

2.6　本章小结

本节通过三个试验（高温后胶结剪切试验、高温后摩阻试验和高温后基于摩擦损伤的粘结试验）对高温后高性能混凝土与钢筋间的粘结—滑移或相关问题进行了试验研究。其中，高温后胶结剪切试验和高温后摩阻试验旨在为有限元分析提供必要的研究参数（摩擦系数和化学胶着强度及其变化规律）；高温后基于摩擦损伤的粘结试验主要用于研究拔出过程中钢筋与混凝土界面的损伤机理，从而揭示粘结滑移关系曲线中下降段的成因。主要结论如下：

（1）高性能混凝土与轧制钢的化学胶着力随温度经历的提高而线性降低，当温度经历超过 400℃后，钢板在不均匀膨胀的作用下时有脱落，导致变异系数增大。因此，处于保守考虑，建议对与温度经历超过 400℃的粘结滑移问题不计入化学胶着力的影响。

（2）通过试验研究发现，高温后混凝土间的摩擦系数在 0.5～0.6 之间，轧制钢与混凝土之间的摩擦系数在 0.25～0.35 之间。动、静摩擦系数基本不随温度经历的升高而变化。

（3）拔出试验中，钢筋和混凝土的界面损伤后，不断有混凝土粉末被刮出是致使横向压力迅速降低的主要原因；横向压力的衰减是导致刮出式破坏中粘结—滑移本构曲线出现下降段的主要原因之一。

（4）粘结强度随横向压力的提高而增大，粘结滑移关系曲线的下降段与横向压力的衰减曲线发展趋势相似；高温后高性能混凝土材性退化致使试块不能承受更高的横向压力是本章中粘结强度降低的根本原因。

参 考 文 献

[1] Xiao J.. Study on anchorage fatigue behavior of high-strength ribbed rebar in HPC guideway. Final Research Report Submitted to the Alexander von Humboldt Foundation（洪堡基金会），Braunschweig，Germany，2005.

[2] Diederichs U.，Schneider U.. Bond strength at high temperatures [J]. Magazine of Concrete Research，1981，33（115）：75-84.

[3] Lin T. D.，Zwiers R. I.，Shirley S. T.，BurgR. G.. Pullout tests of epoxy-coated bars at high temperatures [J]. ACI Materials Journal，1988，85（6）：554-550.

[4] Haddad R. H.，Shannis L. G.. Post fire behavior of bond between high strength pozzolanic concrete and reinforcing steel [J]. Construction and Building Materials，2004，18（6）：425-435.

[5] 周新刚，吴江龙. 高温后混凝土与钢筋粘结性能的试验研究 [J]. 工业建筑，1995，25（5）：37-40.

[6] 谢狄敏，钱在兹. 高温作用后混凝土抗拉强度与粘结强度的试验研究 [J]. 浙江大学学报，1998，32（5）：597-602.

[7] 袁广林，郭超，吕志涛. 高温后钢筋混凝土黏结性能试验研究 [J]. 河海大学学报，2006，34（3）.

[8] 黄均亮. 高温后高强混凝土与细晶粒钢筋之间的粘结性能试验研究 [D]. 上海：同济大学，2008.

[9]　高向玲. 高性能混凝土与钢筋粘结性能的试验研究及数值模拟 [D]. 上海：同济大学，2003.

[10]　徐有邻. 变形钢筋—混凝土粘结锚固性能的试验研究 [D]. 北京：清华大学，1990.

[11]　FIB Bulletin No. 10. Bond of reinforcement in concrete [R]. State-of-art Report，Fédération Internationale du Béton，Federal Institute of Technology. Lausanne Switzerland：Département Génie Civil，2000.

[12]　陆新征，江见鲸. 用 ANSYS Solid65 单元分析混凝土组合构件复杂应力 [J]. 建筑结构，2003，33 (6)：22-26.

[13]　张朝晖，范群波. ANSYS 8.0 热分析教程与实例解析 [M]. 北京：中国铁道出版社，2005.

[14]　庄茁，由小川，廖剑辉，等. 基于 ABAQUS 的有限元分析和应用 [M]. 北京：清华大学出版社，2008.

[15]　Jianzhuang Xiao，H. Falkner. On residual strength of high-performance concrete with and without polypropylene fibers at elevated temperatures [J]. Fire Safety Journal，2006，41 (2)：115-121.

[16]　Muenow R. A.，Abrams M. S.. Nondestructive testing methods for evaluating damage and repair of concrete exposed to fire [J]. ACI Special Publication，1986，92：63-86.

[17]　李卫，过镇海. 高温下砼的强度和变形性能试验研究 [J]. 建筑结构学报，1993，14 (1)：8-16.

[18]　Castillo C.，Durrani，A. J.. Effect of transient high temperature on high strength concrete [J]. ACI Materials Journal，1990，87 (1)：47-53.

[19]　Khoylou N.，England G. L.. The effect of moisture on spalling of normal and high strength concrete [R]. Worldwide Advances in Structural Concrete and Masonry，Chicago，Illinois，1996，4：15-18.

[20]　Gabriel Alexander Khoury. Effects of fire on concrete and concrete structures [J]. Prog. Struct. Engng Mater，2000，(2)：429-447.

[21]　Chan S. Y.，Luo X.，SunW.. Effect of high temperature and cooling regimes on the compressive strength and pore properties of high performance concrete [J]. Construction and Building Materials，2000，14 (5)：261-266.

[22]　Jianzhuang Xiao，Meng Xie，Zhang Ch.. Residual compressive behavior of pre-heated high-performance concrete with blast-furnace-slag [J]. Fire Safety Journal，2006，41 (2)：91-98.

[23]　王孔藩，许清风，刘挺林. 高温自然冷却后钢筋与混凝土之间粘结强度的试验研究 [J]. 施工技术，2005，8 (34)：6-11.

[24]　Atorod Azizinamini，Mark Stark，John J. Roller，and Ghosh S. K.. Bond performance of reinforcing bars embedded in high-strength concrete [J]. ACI St.，1993 (5)：554-561.

[25]　David Darwin，Jun Zuo，Michael L.，et. al. Development length criteria for conventional and

high relative rib area reinforcing bars [J]. ACI Structure, 1996 (5): 347-359.

[26] 肖建庄，黄均亮，赵勇. 高温后高性能混凝土和细晶粒钢筋间粘结性能 [J]. 同济大学学报 (自然科学版), 2009, 37 (10): 1296-1301.

[27] 朱伯龙，陆洲导，胡克旭. 高温（火灾）下混凝土与钢筋的本构关系 [J]. 四川建筑科学研究，1990 (1): 37-43.

[28] 代媛媛. 细晶粒钢筋高性能混凝土柱的抗火性能研究 [D]. 上海：同济大学，2008.

[29] 李引擎. 混凝土在火作用下的爆裂 [J]. 建筑结构，1987 (4).

[30] 朋改非，陈延年，Mike Anson. 高性能硅灰混凝土的高温爆裂与抗火性能 [J]. 建筑材料学报，1999, 2 (3): 193-198.

[31] Phan L. T., Carino N. J.. Review of mechanical properties of HSC at elevated temperature [J]. Civil Engineering, 1998, 10 (1): 58-64.

[32] Sanjayan G, Stocks L. J.. Spalling of High Strength Silica Fume Concrete in Fire [J], ACI Materials Journal, 1993, 90 (2), 170-173.

[33] Khoylou N., England G. L.. The effect of moisture on spalling of normal and high strength concrete [R]. Worldwide Advances in Structural Concrete and Masonry, Chicago, Illinois, 1996, 4: 15-18.

第3章　细晶粒钢筋的高温性能研究

3.1　概述

细晶粒钢在建筑结构中的推广应用成了目前建筑领域的研究热点。“热轧细晶粒钢筋”已经被纳入2018年11月开始执行的《钢筋混凝土用钢　第2部分：热轧带肋钢筋》GB/T 1499.2—2018新标准，并增加了HRBF335、HRBF400以及HRBF500三个牌号[1]。细晶粒钢筋与传统的热轧钢筋化学成分相同，区别在于细晶粒钢筋在热轧过程中通过控制轧制温度和冷却速度，得到细晶粒组织，相比同等的传统热轧钢筋强度，细晶粒钢筋的延伸率有较大的提高[2]。同样的，常温下HRBF500的延伸率要优于HRB500，与HPB235的普通扎热钢筋相当，强屈比较小。本章参考文献［3］研究表明，细晶粒钢筋的生产与焊接过程中高温作用会使钢筋热影响区的晶粒变大，从而引起有关性能下降。钢筋力学性能的退化可能导致火灾后结构安全性、适用性和耐久性的不足。因此，十分有必要对细晶粒钢筋的高温性能进行研究，为高温后粘结—滑移的研究奠定基础。

3.2　高温下细晶粒钢筋的力学性能

3.2.1　高温下细晶粒钢筋各力学指标

同济大学肖建庄等以HRBF500细晶粒钢筋高温下的拉伸试验为基础，研究了常温（20℃）到700℃ 7个温度工况下细晶粒钢筋的屈服强度、极限强度、弹性模量、延伸率和受拉应力—应变关系等力学指标的变化规律。HRBF500钢筋的屈服强度随温度升高而降低，200℃时屈服强度就有下降，300℃时降至常温时的80%，700℃时则降至常温时的10%，且屈服平台逐渐缩短，屈服点的转折逐渐模糊，在温度超过300℃以后，已无明显的屈服点和屈服平台。极限应变随温度的升高而减小，400℃时突然增大到11.43%，之后又迅速减小，至600℃后变化缓慢。综上所述，细晶粒钢筋的屈服强度、极限强度以及弹性模量随温度的升高而逐渐下降，其屈服强度的变化规律与普通热轧钢筋有较大的差异。

同时，参考文献［3］提出了高温下500MPa细晶粒钢筋屈服强度、极限强度和弹性模量的计算公式。在对高温下HRBF500的屈服强度、极限强度以及弹性模量随温度变化的计算公式，采用过镇海提出的计算模型。当20℃$\leqslant T \leqslant$700℃时：

（1）屈服强度

$$f_y^T/f_y = \frac{1}{1+10.2(T/1000)^{3.5}} \quad R^2 = 0.89298 \tag{3.1}$$

（2）极限强度

$$f_u^T/f_u = \frac{1}{1+81.2(T/1000)^{7.5}} \quad R^2 = 0.97171 \tag{3.2}$$

（3）弹性模量

$$E_s^T/E_s = \frac{1}{1+52.5(T/1000)^{6.8}} \quad R^2 = 0.97852 \tag{3.3}$$

其中，f_y^T，f_u^T，E_s^T分别为T℃温度下细晶粒钢筋的屈服强度、极限强度以及弹性模量；f_y，f_u，E_s分别为常温下细晶粒钢筋的屈服强度、极限强度以及弹性模量。

本章参考文献［4］提出了500MPa细晶粒钢筋高温下的屈服强度、极限强度以及弹性模量的计算模型如图3.1、图3.2和图3.3所示以及其试验中得到的数据与各学者给出的模型的比较。在300℃以内普通热轧钢筋各力学性能指标的降低幅度很小，可视为与常温相同。而细晶粒钢筋的屈服强度，在温度大于200℃时就有明显的降低，即屈服强度劣化的温度点有所提前。高温下细晶粒钢筋的极限强度随温度的变化规律与过镇海提出的普通热轧钢筋的计算公式比较相近，无明显差异。

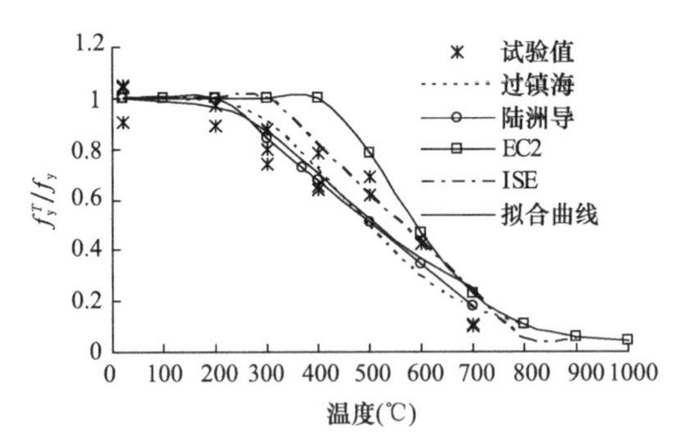

图3.1　高温下HRBF500屈服强度模型[4]

3.2.2　本构模型

同济大学肖建庄等[4]提出了高温下细晶粒钢筋的屈服应变和极限应变的试验结果及其拟合曲线如图3.4和图3.5所示。应力—应变曲线采用过镇海教授[5]提出的数学简化模型，曲线分为屈服前的“弹性段”和屈服后的“强化段”（图3.6a），取相对坐标（ξ，η）（图3.6b），其中$\xi=\frac{\varepsilon-\varepsilon_y^T}{\varepsilon_u^T-\varepsilon_y^T}$，$\eta=\frac{\sigma-f_y^T}{f_u^T-f_y^T}$，则两部分的计算式为：

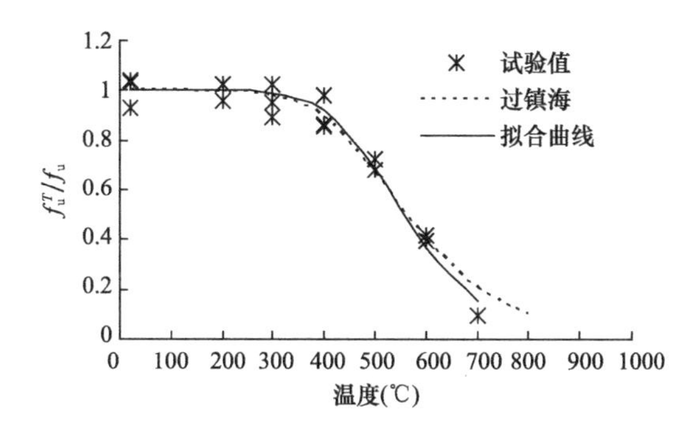

图 3.2　高温下 HRBF500 极限强度模型[4]

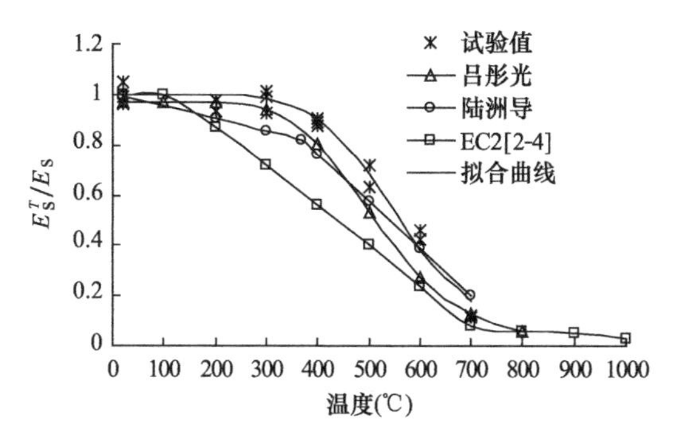

图 3.3　高温下 HRBF500 弹性模量模型[4]

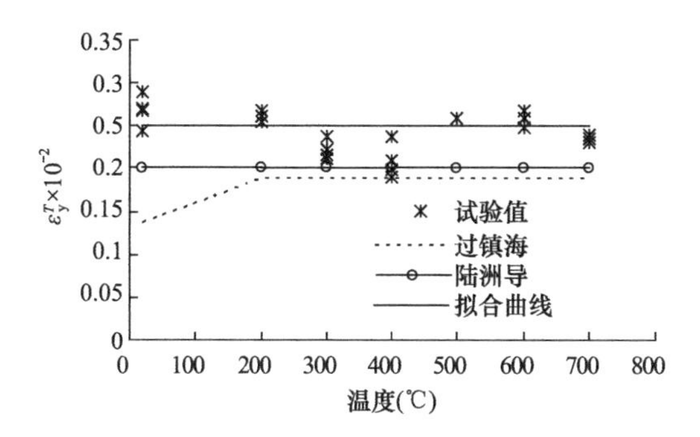

图 3.4　高温下 HRBF500 屈服应变模型[4]

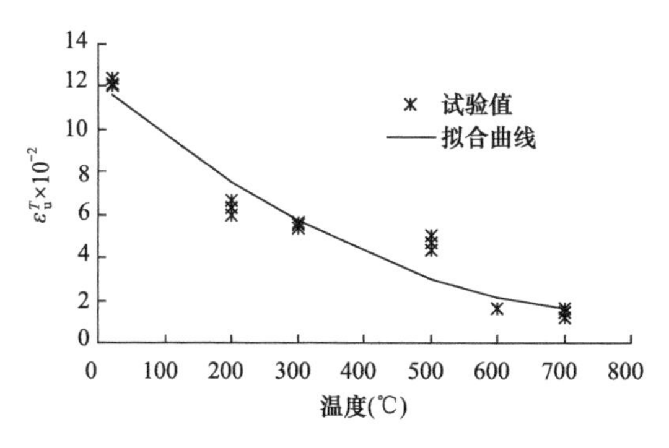

图 3.5　高温下 HRBF500 极限应变模型[4]

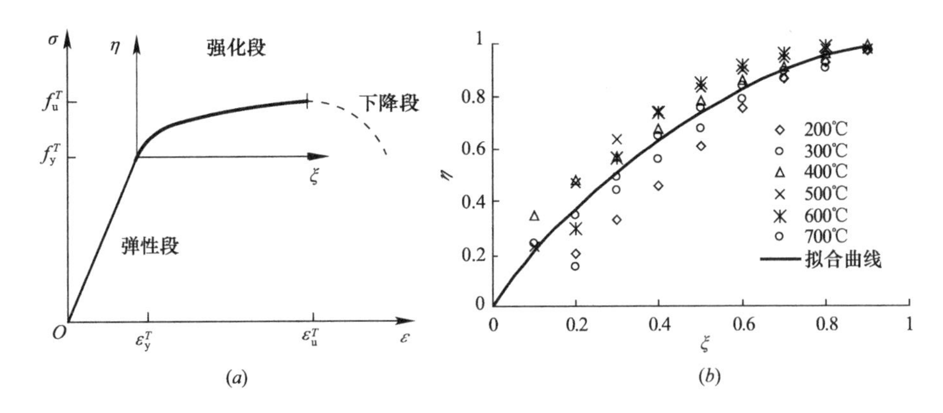

图 3.6 HRBF500 的高温应力—应变模型[4]

(a) 应力—应变曲线；(b) 强化段曲线

$$\varepsilon \leqslant \varepsilon_y^T \quad \sigma = E_s^T \cdot \varepsilon \tag{3.4}$$

$$\varepsilon_y^T < \varepsilon \leqslant \varepsilon_u^T \quad \sigma = f_y^T + (f_u^T - f_y^T) \cdot \eta \tag{3.5}$$

得到：

$$\eta = (1.5\xi - 0.5\xi^3)^{0.82} \quad R^2 = 0.89309 \tag{3.6}$$

$$\varepsilon_y^T = 0.25\% \tag{3.7}$$

$$\varepsilon_u^T = 12.1 - 26.2(T/1000) + 16.1(T/1000)^2 \quad R^2 = 0.93545 \tag{3.8}$$

其中，ε_y^T，ε_u^T 分别为 T℃温度下细晶粒钢筋的屈服应变和极限应变，公式的适用温度范围为 20℃$\leqslant T \leqslant$700℃。

3.3 高温后细晶粒钢筋的力学性能

3.3.1 试验概况

选取直径为 12mm 的 HRBF500 细晶粒钢筋作为试验研究对象。试验高温设备采用上海科成工业炉设备厂生产的 DRX-36 型混凝土高温试验设备，该设备加热功率为 36kW，额定温度 1200℃，工作温度 1000℃，炉膛有效尺寸为 700mm×600mm×530mm（深×宽×高），见第 2 章图 2.5。该设备经设定后自动控温，升温速率约为 15℃/min。

试验采用的试件长度 L=250mm，每组 3 根，根据文献［6］［7］研究表明，采用室温（25℃）、200℃、300℃、400℃、500℃、600℃、700℃共 7 个关键温度工况，炉膛温度达到设定温度后，继续保持该温度 2h 之后打开炉门，让试件随炉自然冷却至室温，取出试件。钢筋拉伸试验参照《金属材料　拉伸试验　第 2 部分：高温试验方法》GB/T 228.2—2015[8]进行，拉伸试验在长春试验机厂生产 CSS-44500 的 500kN 万能试验机上进行，如图 3.7 所示。应变采用江苏靖江测试仪器有限公司生产的 DB3817 动态应变采集仪进行采集，加载过程采用位移控制，位移控制速度为 3mm/min。

图 3.7　加载设备

3.3.2　试验结果及分析

1. 试验现象

高温后钢筋表面颜色变化较大，且随其经历的温度不同有所区别。细晶钢筋在高温作用后，在拉伸试验的过程中，钢筋表面发生了脱落现象。当温度为 200℃时，室温冷却后的试件的颜色和常温下基本相同；温度为 300℃，400℃时空气冷却后，试件比常温时变浅，呈浅红色，断口呈银色；温度为 500℃、600℃、700℃时，试件表面颜色为黑色，表面有剥落和碳化，脱落处呈灰褐色，断口为银色“颈缩”现象很明显，详细情况见表 3.1。研究[9]~[16]表明，钢筋高温后颜色的变化规律和表层的脱落对于判断火灾的温度及严重性有一定的意义。

试验现象　　表 3.1

温度	破坏位置	表面颜色	断口颜色	颈缩	断裂声
20℃			银色，有金属光泽	明显	脆响
200℃	高低温交界处	较常温略深	银色，有金属光泽	明显	脆响
300℃	低温区	较常温略深	银色，有金属光泽	明显	脆响
400℃	高温区	蓝靛色	蓝靛色，有金属光泽	明显	脆响
500℃	高温区	蓝黑色	发黑，有金属光泽	明显	闷声
600℃	高温区	灰黑色	发黑，无金属光泽	明显	无
700℃	高温区	黑色，表面蜕皮	黑色，无金属光泽	明显	无

2. 主要试验数据分析

强度：温度 200℃时，HRBF500 钢筋的屈服强度和极限强度几乎没有变化，见表 3.2 和图 3.8。当温度达到 300℃时，钢筋的强度开始略微降低，直到 600℃，屈服强度的折减系数降到 0.89，而极限强度的折减值为 0.95。700℃的时候，屈服强度和极限强度都较常温下有了明显的减低，整个过程中，屈服强度的折减值一直都低于极限强度的折减值。可以认为，高温对细晶粒钢筋的屈服强度的影响要大于极限强度，在 600℃以内，对细晶粒的极限强度的影响很小。当细晶粒钢筋经历的温度达到 700℃，屈服强度和极限强度的降幅达到最大值，分别为 22.5%和 19.7%。从图 3.8 中可见，细晶粒钢筋的高温后极限强度在 600℃前下降较缓，之后出现急剧下降；因此，600℃可作为细晶粒钢筋高温后极限强度的关键温度。而细晶粒钢筋的屈服强度在 200℃和 600℃温度经历后各出现一次急剧下降，这一点与普通热轧钢筋有所不同，普通热轧钢筋的高温后力学性能可见本章参考文献［17］。有研究表明当温度经历超过 800℃时，细晶粒钢筋的极限强度又有所回升[18]。主要原因是常温下钢的基本组织是铁素体、渗碳体和珠光体，珠光体既有一定的强度和韧性，但只存在于727℃以下；当温度超过 727℃时就变为奥氏体[19]，而奥氏体冷却后变为马氏体，故极限强度有所提高。

高温后 HRBF500 钢筋强度 **表 3.2**

温度	25℃	200℃	300℃	400℃	500℃	600℃	700℃
屈服强度（MPa）	555.5	552.9	514.7	512.8	501.9	495.2	430.6
极限强度（MPa）	721.0	719.3	714.3	713.1	701.6	684.8	579.3
屈服强度折减系数	1.000	0.995	0.927	0.923	0.904	0.891	0.775
极限强度折减系数	1.000	0.998	0.991	0.989	0.973	0.950	0.803

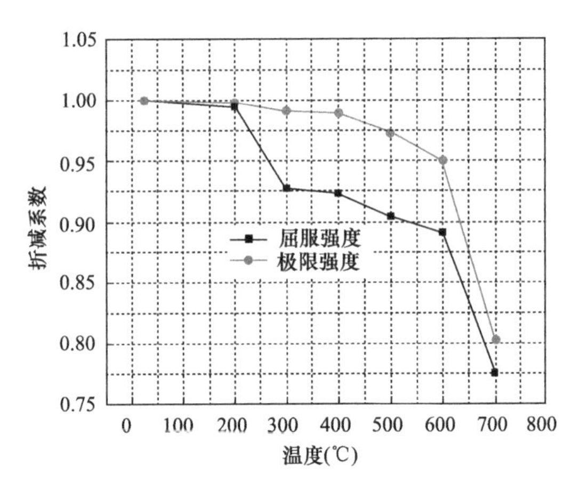

图 3.8　高温后 HRBF500 钢筋强度折减系数

弹性模量：已有研究表明，温度对 HRBF500 细晶粒钢筋的弹性模量影响较小，几乎不随所经历温度的不同而不同，可以认为高温后钢筋的弹性模量与常温下细晶粒钢筋的弹性模量相同。高温后试验数据仍采用钢筋常温下的弹性模量 $E=2.06\times10^5$MPa。

延伸率和断面收缩率：细晶粒钢筋高温后的延伸率在 25～600℃基本没有变化，600～700℃增加趋势明显。细晶粒钢筋高温后的断面收缩率的变化趋势同延伸率，25～600℃变化不明显，700℃到达最大值。

应力—应变曲线：图 3.9 为试验得到的细晶粒钢筋经历不同温度后的实测应力—应变曲线。试验发现，经历不同的温度作用后，细晶粒钢筋的应力—应变曲线也发生了相应的变化，但仍然出现明显的屈服阶段和强化阶段。图 3.9 可以看出高温后细晶粒钢筋常温下（25℃）到 600℃的应力—应变曲线几乎重合。当温度为 700℃的时候，室温冷却的细晶粒钢筋的屈服点、极限强度有着明显的下降，但是弹性模量几乎没有明显的变化。而且随着温度的升高，钢筋屈强比呈现增大的趋势，既呈现软钢的特征。

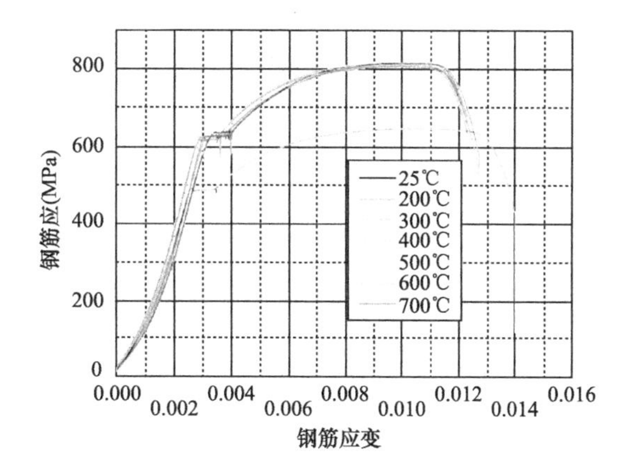

图 3.9　高温后 HRBF500 钢筋的实测应力—应变关系曲线

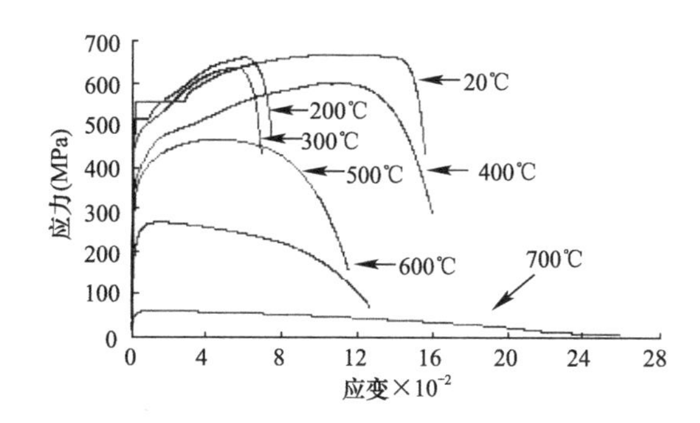

图 3.10　高温下 HRBF500 应力—应变曲线[4]

高温后，细晶粒钢筋的各项力学指标都发生了变化，随着温度的高低表现不同的规律。与高温下细晶粒钢筋的屈服强度和极限强度相比，高温后其强度都有所增加，说明钢筋在室温冷却后，强度有所恢复。高温下，当温度高于 500℃时候，应力—应变曲线的屈服阶段变短，而且随着温度的升高，细晶粒钢筋的强度迅速的降低，而高温后，直到 700℃，细晶粒钢筋应力—应变曲线仍然有明显的屈服阶段和强化阶段，并且温度低于 700℃，不同温度下应力—应变曲线几乎重合，高于 700℃时，应力—应变曲线出现逐渐软化的趋势。当对火灾下混凝土的安全性进行计算的时候，应建议采用高温下细晶粒钢筋的力学指标，而针对火灾后建筑物加固的情况，为节约成本，合理的反应结构的现实情况，可采用高温后细晶粒钢筋的各项力学指标。

3.3.3　力学模型

对高温后 500MPa 细晶粒钢筋的屈服强度、极限强度以及弹性模量随经历温度变化的计算公式进行拟合，采用本章参考文献［18］所提出的计算模型，经历温度范围 20℃≤T≤700℃。

屈服强度：

$$f_y^T/f_y = 5\times10^{-10}T^3 - 8\times10^{-7}T^2 + 9\times10^{-5}T + 1.00 \tag{3.9}$$

式中，f_y^T 和 f_y 分别为高温 T 后钢筋屈服强度和常温下钢筋的屈服强度。

极限强度：

$$f_u^T/f_u = 5\times10^{-10}T^3 - 7\times10^{-7}T^2 + 7\times10^{-5}T + 1.00 \tag{3.10}$$

式中，f_u^T 和 f_y 分别为高温 T 后钢筋的极限强度和常温下钢筋的极限强度。

弹性模量：

$$E_s^T/E_s = 1 \tag{3.11}$$

式中，E_s^T 和 E_s 分别为高温 T 后钢筋的弹性模量和常温下钢筋的弹性模量。

延伸率：

$$\delta^T/\delta = -6\times10^{-12}T^4 + 1\times10^{-8}T^3 - 5\times10^{-6}T^2 + 8\times10^{-4}T + 0.9787 \tag{3.12}$$

式中，δ^T 和 δ 分别为高温 T 后钢筋的延伸率和常温下钢筋的延伸率。

高温后细晶粒钢筋应力—应变曲线模型采用本章参考文献［18］所提出的钢筋受拉应力—应变关系模型，如图 3.11 所示。

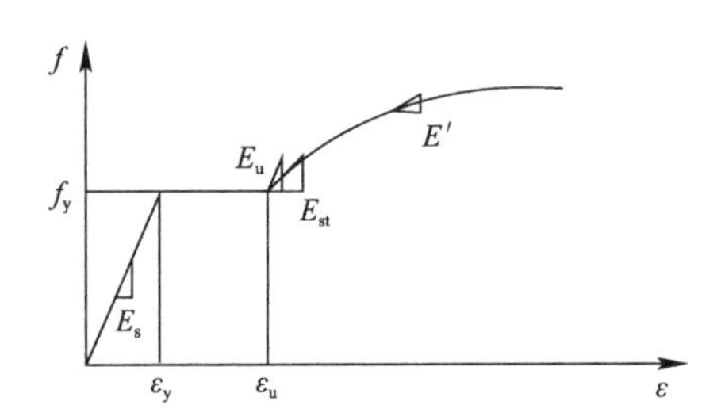

图 3.11　HRBF500 钢筋力学模型

在图 3.11 中，E' 为细晶粒钢筋强化阶段的切线模量；E_{st} 为细晶粒钢筋强化起始点的切线模量；ξ 为经验系数。其中，

$$E' = E_{st}\exp\left(-\xi\frac{\varepsilon-\varepsilon_{st}}{\varepsilon_y}\right) \tag{3.13}$$

根据试验结果，本章参考文献［18］建立高温后 500MPa 细晶粒钢筋的应力—应变关系模型为：

$$\sigma_s^T = E_s^T\varepsilon_s^T \quad 0\leqslant\varepsilon_s^T\leqslant\varepsilon_y^T$$

$$\sigma_s^T = \sigma_y^T \quad \varepsilon_y^T\leqslant\varepsilon_s^T\leqslant\varepsilon_{sh}$$

$$\sigma_s^T = E_{sh}\frac{\varepsilon_y^T}{\xi}\left[1-\exp\left(-\xi\frac{\varepsilon_s^T-\varepsilon_{st}}{\varepsilon_y^T}\right)\right]+\sigma_y^T \quad \varepsilon_s^T\geqslant\varepsilon_{sh} \tag{3.14}$$

其中，ξ 为经验系数，取值为0.06；T 为温度，单位℃；σ_s^T、ε_s^T 分别为高温后细晶粒钢筋的应力、应变；E_s^T 为经历温度 T 作用后细晶粒钢筋的弹性模量，取 $E_s^T=E_s$（E_s 为常温下细晶粒钢筋的弹性模量）；σ_y^T、ε_y^T 分别为经历温度 T 作用后钢筋的屈服应力、屈服应变，$\varepsilon_y^T=\sigma_y^T/E_s^T$，$\sigma_y^T$ 用式（3.9）计算；E_{sh}、ε_{sh}分别为经历温度 T 作用后细晶粒钢筋开始强化时的切线模量、应变，取 $E_{sh}=0.02E_s^T$。

3.4 本章小结

细晶粒钢筋的高温性能是进行高温后钢筋和混凝土粘结性能分析的基础。本章简要的概述了已有的细晶粒钢筋高温下以及高温后的研究成果，并介绍了作者对HRBF500钢筋高温后力学性能的试验研究。

常温下，500MPa细晶粒钢筋与普通HRB500钢筋的屈服强度相差不大，但是细晶粒钢筋延伸率有较大提高，强屈比明显偏小，更符合国际上对较高延伸率钢筋牌号的强屈比要求。基于本章对其在高温后的应力—应变关系的试验研究与分析，对比高温下细晶粒钢筋的力学性能有以下结论：

（1）随着温度的升高，HRBF500细晶粒钢筋高温下和高温后的屈服强度和极限强度都逐渐降低，与普通热轧钢筋各力学性能指标随温度的变化存在差异。高温下，400℃以后细晶粒钢筋的弹性模量有明显的下降，但是高温下300℃以内以及高温后所经历的各个温度（小于700℃）细晶粒钢筋弹性模量的降低趋势不明显，可取常温下弹性模量值。

（2）高温下，HRBF500细晶粒钢筋屈服强度明显降低、屈服平台明显消失的温度为300℃左右。高温后，直到经历温度达到700℃，细晶粒钢筋的屈服平台依然存在，应力—应变曲线依然有着明显的屈服阶段和强化阶段，只是随着经历温度的升高，曲线逐渐软化。

（3）高温下HRBF500细晶粒钢筋的极限强度随温度变化（常温到700℃）的规律和普通热轧钢筋的计算曲线很相近。高温后，细晶粒钢筋所经历的温度低于500℃时，其应力—应变曲线几乎与常温下钢筋的应力—应变曲线重合。

（4）在经历相同的温度后，无论是屈服强度，极限强度还是弹性模量，高温后都比高温下的性能有了较大的恢复。

（5）通过高温后细晶粒钢筋的拉伸试验得出了高温后500MPa细晶粒钢筋屈服强度、极限强度及弹性模量的计算公式（3.9）～(3.11)，并建议了其高温本构模型式（3.14）。

参考文献

[1] 中华人民共和国标准. 钢筋混凝土用热轧带肋钢筋 GB 1499.2—2007 [S]. 北京：中国标准出

版社，2007.

[2] 屈朝霞，田志凌，何长红等. 超细晶粒钢及其焊接性 [J]. 钢铁，2000，35 (2)：70-73.

[3] 田志凌，屈朝霞，杜则裕. 细晶粒钢焊接热影响区晶粒长大及组织转变 [J]. 材料科学与工艺，2000，8 (3)：16-20.

[4] 肖建庄，代媛媛，赵勇等. 500MPa细晶粒钢筋高温下的应力—应变关系 [J]. 建筑材料学报. 2008，11 (3)：276-282.

[5] 过镇海，时旭东. 钢筋混凝土的高温性能及其计算 [M]. 北京：清华大学出版社，2003.

[6] European Committee for Standardization，ENV 1993-1-2，Eurocode 3，Design of Steel Structures [S]，Part 1. 2：Structural fire design，1993.

[7] 吕彤光. 高温下钢筋的强度和变形试验研究 [D]. 北京：清华大学，1996.

[8] 中华人民共和国标准. 金属材料 拉伸试验 第2部分：高温试验方法 GB/T 228. 2—2015 [S]. 北京：中国标准出版社，2016.

[9] 陆洲导，朱伯龙. 混凝土结构火灾后的检测方法研究 [J]. 工业建筑，1995，25 (12)：37-41.

[10] Harmethy T. Z.，Allen L. W.. Thermal properties of selected masonry unit concrete [J]. ACI Journal Proceedings，1973，70 (2)：132-142.

[11] British Standards Institution (BSI)，BS5950，The structural use of steelwork in buildings [S]，Part 8：Code of practice for fire resistant design，1990.

[12] Lie T. T.，Denham E. M. A.. Factors affecting the fire resistance of circular hollow steel columns filled with bar-reinforced concrete [R]. Internal Report，No. 651，Institute for Research in Construction，National Research Council Canada，1993.

[13] Susantha K. A. S.，Habin G. E.，Usami Tsutomu. Uniaxial stress-strain relationship of concrete confined by various shaped Steel tubes [J]. Engineering Structures，2000，23 (21)：1331-1347.

[14] 李引擎，马道贞，徐坚. 建筑构件防火设计计算和构造处理 [M]. 北京：中国建筑出版社，1991.

[15] 李国强，韩林海，楼国彪等. 钢结构及钢—混凝土组合结构抗火设计 [M]. 北京：中国建筑工业出版社，2006.

[16] 经建生，侯晓萌，郑文忠. 高温后预应力钢筋和非预应力钢筋的力学性能 [J]. 吉林大学学报，2010，2 (40)：441-446.

[17] 余志武，王中强，史召锋. 高温后新Ⅲ级钢筋力学性能的试验研究 [J]. 建筑结构学报，2005，2 (26)：112-116.

[18] 吴红翠，王全凤，徐玉野等. HRBF500钢筋高温后力学性能试验研究 [J]. 工业建筑，2009，39 (11)：5-8.

[19] 梁可中. 金相原理与应用 [M]. 北京：中国铁道出版社，1983.

第 4 章　带肋钢筋与混凝土间粘结—滑移理论分析

4.1　概述

钢筋与混凝土界面受力复杂、影响因素诸多，仅根据试验结果很难得到有关粘结强度或粘结—滑移本构关系的准确数学模式，目前有关粘结—滑移的理论分析模式基本上是半理论半经验模型。Tepfers[1]提出采用弹塑性力学的厚壁圆筒受力模型来分析钢筋与混凝土之间的劈裂粘结强度，这一理论模型得到了普遍的认可。Esfahani 等[2]~[3]将 Tepfers 计算粘结强度的公式根据试验数据进行了修正。Somayaji 和 Shah[4]根据微分方程，最终得出了局部滑移量关于埋置长度的函数关系式。Yankelevsky[5]建立了以钢筋拉力为变量的二阶微分方程，得到粘结应力沿钢筋纵向分布的函数关系式。徐有邻等[6]将粘结滑移的全过程分为五个阶段，计算出其水平向的分力，得到相应传力模型的名义粘结锚固特征强度。高向玲[7]在 Tepfers 等人的研究基础上考虑了摩擦力的作用，重新计算了劈裂粘结强度。宋力[8]对疲劳荷载作用下的粘结问题进行了分析。

粘结破坏包括劈裂和拔出两种模式。对于配箍试件或保护层厚度超过一定范围时（$c/d>5\sim6$），变形钢筋的粘结破坏一般是肋间混凝土被刮出的剪切型破坏，主要针对此种破坏形式。以往理论模型大多通过求极值得到劈裂粘结强度，而粘结本构往往从试验回归得到，从理论上还提不出一套比较完整、有充分论据的粘结—滑移本构关系。基于这样的研究背景，针对刮出破坏的特征，将粘结应力与滑移面的锥楔作用联系起来，从数学力学模型演变锥楔作用的粘结机制，计算了粘结滑移本构关系的上升段，并且提出了呈负指数关系衰减的下降段。与试验数据和现有成果的比对表明此方法具有一定的适用性，可对短埋配箍试件的粘结滑移性能进行较合理的预测。

4.2　两种特殊平面问题的位移解

4.2.1　受均匀内压作用的圆环

本章参考文献［9］针对图 4.1 所示的位移轴对称问题提供了详细的推导过程，直接引用其结果。

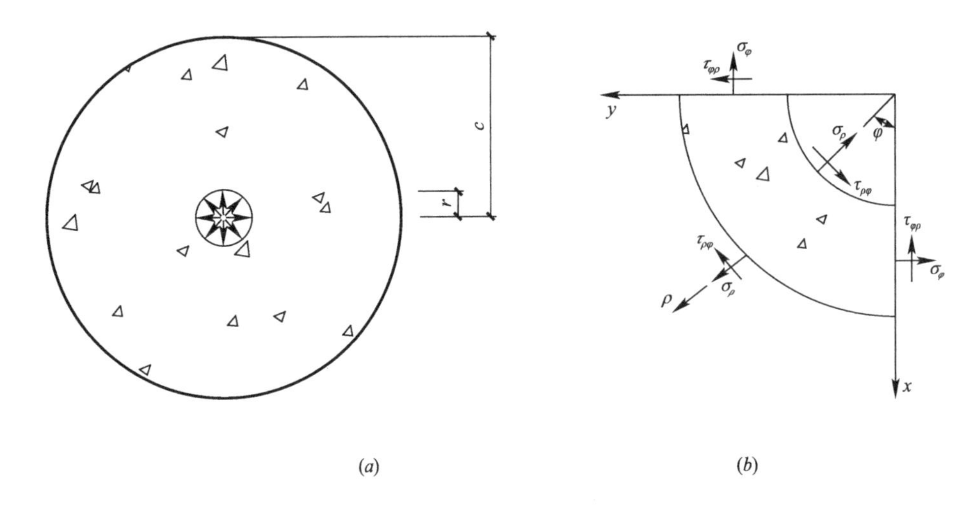

图 4.1　受均匀内压作用的混凝土圆环

轴对称应力和相应的位移：

$$\sigma_\rho = A/\rho^2 + B(1 + 2\ln\rho) + 2C \tag{4.1}$$

$$\sigma_\varphi = -A/\rho^2 + B(3 + 2\ln\rho) + 2C \tag{4.2}$$

$$\tau_{\rho\varphi} = \tau_{\varphi\rho} = 0 \tag{4.3}$$

$$u_\rho = [-(1+\nu)A/\rho + 2(1-\nu)B\rho(\ln\rho - 1) + (1-3\nu)B\rho + 2(1-\nu)C\rho]/E \tag{4.4}$$

$$u_\varphi = 4B\rho\varphi/E + H\rho \tag{4.5}$$

涉及多连体问题时，须考察位移单值条件，（4.5）式中 $4B\rho\varphi/E$ 一项是多值的：对于同一个 ρ 值，在 $\varphi=\varphi_1$ 时与 $\varphi=\varphi_1+2\pi$ 时，环向位移相差 $8\pi B\rho/E$，不可能有不同的位移，可见 $B=0$。于是（4.1）、（4.2）、（4.4）式化为：

$$\sigma_\rho = A/\rho^2 + 2C \tag{4.6}$$

$$\sigma_\varphi = -A/\rho^2 + 2C \tag{4.7}$$

$$u_\rho = [-(1+\nu)A/\rho + 2(1-\nu)C\rho]/E \tag{4.8}$$

式中 E、ν 为混凝土弹性模量和泊松比。

4.2.2　楔形体在楔顶受竖向集中力 F 作用

混凝土开裂后理论计算模型采用尖劈顶端受集中力作用的楔形体，如图 4.2 所示。

应力分量直接引用本章参考文献［9］中结果：

$$\sigma_\rho = -\frac{2F}{\rho} \cdot \frac{\cos\varphi}{\alpha + \sin\alpha} \tag{4.9}$$

$$\sigma_\varphi = \tau_{\rho\varphi} = \tau_{\varphi\rho} = 0 \tag{4.10}$$

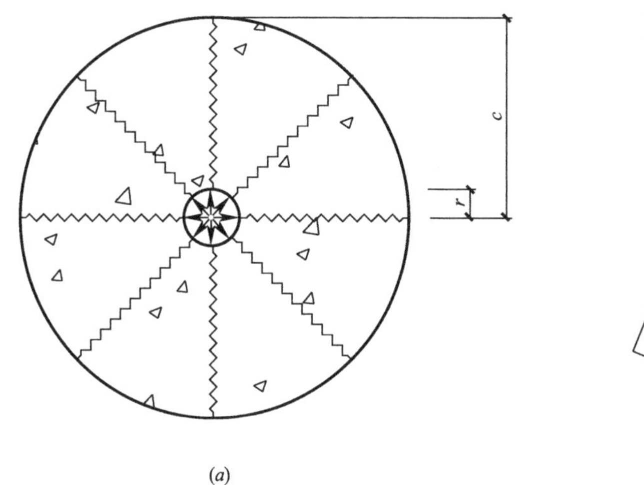

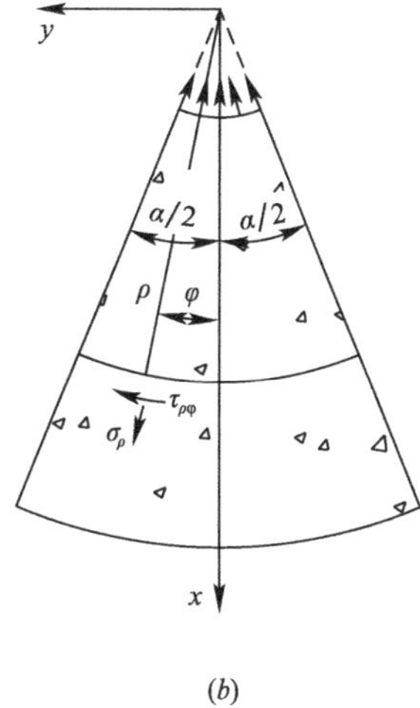

图 4.2　开裂后混凝土受力分析模型

将应力分量代入物理方程并积分求得 u_ρ：

$$u_\rho = -\frac{2F\cos\varphi}{E(\alpha+\sin\alpha)}\ln\rho + f(\varphi) \tag{4.11}$$

由物理方程、几何方程求出$\dfrac{\partial u_\varphi}{\partial \varphi}$：

$$\frac{\partial u_\varphi}{\partial \varphi} = \frac{2\nu F}{E}\cdot\frac{\cos\varphi}{\alpha+\sin\alpha} - u_\rho \tag{4.12}$$

把式（4.11）代入式（4.12）并对 φ 积分：

$$u_\varphi = \frac{2\nu F\sin\varphi}{E(\alpha+\sin\alpha)} + \frac{2F\sin\varphi}{E(\alpha+\sin\alpha)}\cdot\ln\rho - \int f(\varphi)\mathrm{d}\varphi + f_1(\rho) \tag{4.13}$$

将式（4.11）、式（4.13）分别对 φ、ρ 求偏导：

$$\frac{\partial u_\rho}{\partial \varphi} = \frac{2F\sin\varphi}{E(\alpha+\sin\alpha)}\cdot\ln\rho + f'(\varphi) \tag{4.14}$$

$$\frac{\partial u_\varphi}{\partial \rho} = \frac{2F\sin\varphi}{E(\alpha+\sin\alpha)}\cdot\frac{1}{\rho} + f'_1(\rho) \tag{4.15}$$

将式（4.14）、式（4.15）代入物理方程，化简并分离变量：

$$f'(\varphi) + \int f(\varphi)\mathrm{d}\varphi + \frac{2F\sin\varphi}{E(\alpha+\sin\alpha)}\cdot(1-\nu) = f_1(\rho) - \rho f'_1(\rho) \tag{4.16}$$

显然，式（4.16）左右两端同时等于同一常数 M 时上述方程才能成立，即：

$$f'(\varphi) + \int f(\varphi)\mathrm{d}\varphi + \frac{2F\sin\varphi}{E(\alpha+\sin\alpha)}\cdot(1-\nu) = M \tag{4.17}$$

$$f_1(\rho) - \rho f'_1(\rho) = M \tag{4.18}$$

求解式（4.17）、（4.18）：

$$f(\varphi) = C_1 \cos\varphi + C_2 \sin\varphi + \frac{F(\nu - 1)}{E(\alpha + \sin\alpha)} \cdot \varphi \cdot \sin\varphi \tag{4.19}$$

$$f_1(\rho) = H\rho + M \tag{4.20}$$

将式（4.19）对 φ 求导后代入式（4.17）：

$$\int f(\varphi)\mathrm{d}\varphi = M - \frac{F\sin\varphi}{E(\alpha + \sin\alpha)} \cdot (1 - \nu) + \frac{F(1 - \nu)}{E(\alpha + \sin\alpha)} \cdot \varphi \cdot \cos\varphi - C_1 \cos\varphi + C_2 \sin\varphi \tag{4.21}$$

将式（4.19）、(4.20)、(4.21) 代入式（4.11）和（4.13）：

$$u_\rho = -\frac{2F\cos\varphi}{E(\alpha + \sin\alpha)} \cdot \ln\rho + \frac{(\nu - 1)F\varphi\sin\varphi}{E(\alpha + \sin\alpha)} + C_1 \cos\varphi + C_2 \sin\varphi \tag{4.22}$$

$$u_\varphi = \frac{2F\sin\varphi}{E(\alpha + \sin\alpha)} \cdot \ln\rho + \frac{(1 + \nu)F\sin\varphi}{E(\alpha + \sin\alpha)} - \frac{F(\nu - 1)\varphi\sin\varphi}{E(\alpha + \sin\alpha)} - C_1 \sin\varphi + C_2 \cos\varphi + H\rho \tag{4.23}$$

由边界条件确定待定常数，在力 F 的作用线上：$(u_\varphi)_{\varphi=0} = 0 \Rightarrow C_2 = H = 0$

将求出的系数代入式（4.21）、(4.23)：

$$u_\rho = -\frac{2F\cos\varphi}{E(\alpha + \sin\alpha)} \cdot \ln\rho + \frac{(\nu - 1)F\varphi\sin\varphi}{E(\alpha + \sin\alpha)} + C_1 \cos\varphi \tag{4.24}$$

$$u_\varphi = \frac{2F\sin\varphi}{E(\alpha + \sin\alpha)} \cdot \ln\rho + \frac{(1 + \nu)F\sin\varphi}{E(\alpha + \sin\alpha)} - \frac{(1 - \nu)F\varphi\cos\varphi}{E(\alpha + \sin\alpha)} - C_1 \sin\varphi \tag{4.25}$$

试件的外侧（$\rho = c$）径向位移为 0，即式（4.24）中

$$(u_\rho)_{\rho=c} = 0 \Rightarrow C_1 = \frac{2F\ln c + (1 - \nu)F\varphi\tan\varphi}{E(\alpha + \sin\alpha)}$$

将 C_1 代入式（4.24）：

$$u_\rho = -\frac{2F\cos\varphi}{E(\alpha + \sin\alpha)} \cdot \ln\frac{c}{\rho} \tag{4.26}$$

从式（4.9）中解出 F 代入式（4.26），并用 u_ρ 表示 σ_ρ：

$$\sigma_\rho = -\frac{Eu_\rho}{\rho(\ln c - \ln\rho)} \tag{4.27}$$

4.3 粘结滑移本构关系

4.3.1 锥楔作用的传力机制

取一个肋间距范围内的混凝土进行分析，混凝土受到的作用力有：钢筋对混凝土的挤压应力 P，滑移面上的摩擦应力 μP，β 为滑移面切向与钢筋纵向的夹角，如图 4.3 所示。

将 P 和 μP 分别沿纵向和径向分解，二者的纵向分量之和形成粘结应力 τ，径向分力即为内压力作用 σ_ρ。

$$\sigma_\rho = P\cos\beta - \mu P\sin\beta \tag{4.28}$$

$$\tau = \mu P\cos\beta + P\sin\beta \tag{4.29}$$

从式（4.28）中解出 P 并代入式（4.29）：

$$\Rightarrow \tau = \frac{\mu\cos\beta + \sin\beta}{\cos\beta - \mu\sin\beta}\sigma_\rho \tag{4.30}$$

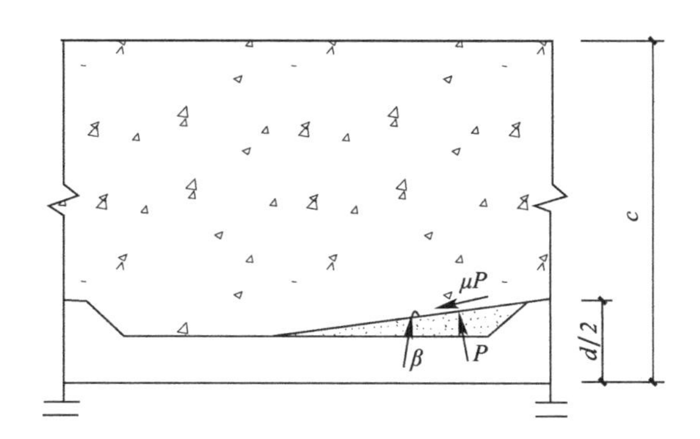

图 4.3　混凝土受力分析模型[7]

4.3.2　环向开裂前

加载之初，粘结应力主要由胶结力提供；随着荷载的加大钢筋横肋背面与混凝土拉脱，化学胶结力丧失，粘结应力主要由锥楔作用提供。由于摩擦力的存在，界面上混凝土不断破碎，小颗粒不断堆积而被挤压成楔形，形成直线形状的挤压滑移面[10]，如图 4.4 所示。

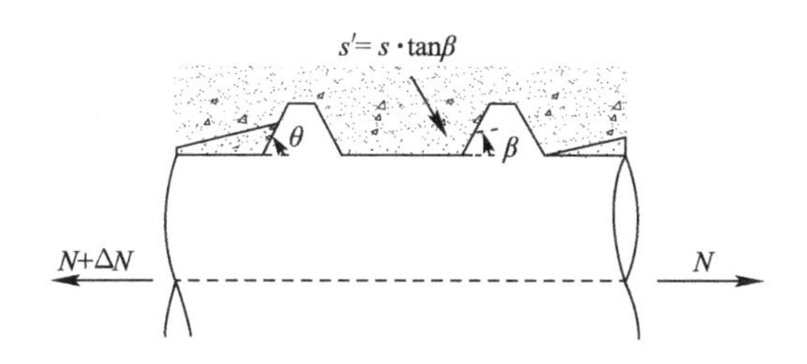

图 4.4　混凝土开裂前受力分析模型

开裂前，将肋间混凝土分成若干单位厚度的圆环，每个圆环近似作为平面问题研究，简化为受均匀内压作用的圆环，该问题有两个待定常数 A、C，如图 4.1（a）所示。设试件外侧（$\rho=c$）混凝土的径向位移为零即 $(u_\rho)_{\rho=c}=0$；拔出过程中，钢筋对界面处（$\rho=c$）混凝土的挤压迫使混凝土发生的径向位移为 $(u_\rho)_{\rho=r}=s'$，把这两个边界条件代入式（4.8）

即可求出 A、C：

$$(u_\rho)_{\rho=c}=0 \quad A=\frac{Es'rc^2}{(1+\nu)(r^2-c^2)}$$

$$(u_\rho)_{\rho=r}=s' \Rightarrow C=\frac{Es'a}{2(1-\nu)(r^2-c^2)} \tag{4.31}$$

将 A、C 代入式（4.6）、(4.7）即可求出径向压力 σ_ρ 和环向拉力 σ_φ：

$$\sigma_\rho=\frac{Es'rc^2}{(1+\nu)(r^2-c^2)\rho^2}+\frac{Es'r}{(1-\nu)(r^2-c^2)} \tag{4.32}$$

$$\sigma_\varphi=-\frac{Es'rc^2}{(1+\nu)(r^2-c^2)\rho^2}+\frac{Es'r}{(1-\nu)(r^2-c^2)} \tag{4.33}$$

理论模型中应力的方向有明确的物理意义，图 4.1（*b*）标出了应力的正方向，可见在环的内侧钢筋作用于混凝土的锥楔挤压力与此相反，将式（4.27）反号后代入式（4.30）即可求出粘结应力：

$$\tau=\frac{\mu\cdot\cos\beta+\sin\beta}{\cos\beta-\mu\cdot\sin\beta}\cdot\frac{E[r^2(1+\nu)+c^2(1-\nu)]}{r(c^2-r^2)(1-\nu^2)}s' \tag{4.34}$$

用滑移量表示径向位移，将三角关系即 $s'=s\cdot\tan\beta$ 代入式（4.34），然后分子、分母同除以 $\cos\beta$ 即为混凝土开裂前粘结滑移本构关系：

$$\tau=\frac{\mu+\tan\beta}{1-\mu\cdot\tan\beta}\cdot\tan\beta\cdot\frac{E[r^2(1+\nu)+c^2(1-\nu)]}{r(c^2-r^2)(1-\nu^2)}\cdot s \quad (0\leqslant s\leqslant s_{cr}) \tag{4.35}$$

由式（4.35）可知，混凝土开裂前泊松比对粘结滑移本构的影响不明显。当混凝土与钢筋界面处混凝土的环向拉力达到抗拉强度时，即 $(\sigma_\varphi)_{\rho=r}=f_{tu}$，混凝土中产生环向劈裂裂缝，第一阶段结束，结束条件为：

$$-\frac{Es'c^2}{(1+\nu)(r^2-c^2)r}+\frac{Es'r}{(1-\nu)(r^2-c^2)}=f_{tu} \tag{4.36}$$

从式（4.36）中解出 s'，即开裂时由于肋对混凝土的挤压所产生的径向位移：

$$s'=\frac{r(r^2-c^2)(1-\nu^2)}{E[r^2(1+\nu)-c^2(1-\nu)]}\cdot f_{tu} \tag{4.37}$$

根据滑移面的三角关系混凝土环向开裂时的特征滑移量为：

$$s_{cr}=\frac{s'}{\tan\beta}=\frac{r(r^2-c^2)(1-\nu^2)}{E[r^2(1+\nu)-c^2(1-\nu)]\tan\beta}\cdot f_{tu} \tag{4.38}$$

由式（4.35）、(4.38）可见随钢筋半径的增加，粘结应力降低、开裂滑移量增大，此结论与试验结果[10]吻合良好，从理论上解释了试验现象。

4.3.3 环向开裂后

开裂后随着滑移量的继续增加，试件在劈裂后虽能承载，但各种裂缝迅速发展；由于混凝土的开裂，混凝土对钢筋的裹握力迅速衰减，摩擦力降低，粘结刚度降低，滑移量迅速增大。随荷载增大，混凝土逐渐被挤压成粉末，密实的嵌固在肋的根部。荷载继续增加，贯通形成锥状脱离体，脱离体表面形成新的滑移面。Gambarova 等[10]~[13]学者的研究表明此阶段破碎滑移面是曲面形式，如图 4.5 所示。

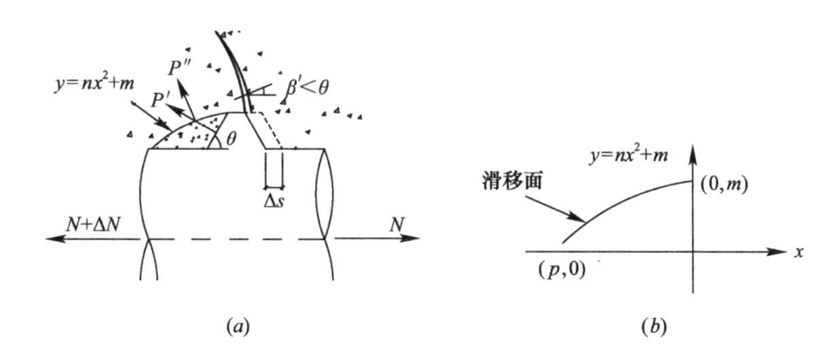

图 4.5　混凝土开裂后肋前破碎滑移面

对滑移路径进行二次函数拟合：

$$y = nx^2 + m \tag{4.39}$$

当钢筋向左滑移 Δs 时锥楔作用迫使混凝土发生的径向位移为：

$$u_\rho = \Delta y = n(x + \Delta s)^2 + m - (nx^2 + m) = 2n\Delta sx + n\Delta s^2 \tag{4.40}$$

而滑移面上坐标 x 处的斜率为：

$$y' = (nx^2 + m)' = 2nx \tag{4.41}$$

将（$\rho = r$）分别代入式（4.26）、（4.27）可求得钢筋与混凝土界面的径向位移和应力，结合锥楔作用传力机制，采用与开裂前相同的推导方法，当发生 Δs 的滑移量时，坐标 x 处的粘结应力增量可表示为：

$$\tau_x = \frac{\mu + 2nx}{1 - \mu \cdot 2nx} \cdot \frac{Eu_\rho}{r(\ln c - \ln r)} = \frac{\mu + 2nx}{1 - \mu \cdot 2nx} \cdot \frac{E}{r(\ln c - \ln r)} \cdot (2n\Delta sx + n\Delta s^2) \tag{4.42}$$

由式（4.42）可见，滑移面上不同 x 坐标处的斜率不同，所贡献的粘结应力也不一样；而通常粘结应力是指平均意义上的粘结应力，故此时粘结应力的增量为 τ_x 在滑移路径上的定积分除以肋间距 l，混凝土开裂后粘结本构可表示为：

$$\begin{aligned}\tau &= \frac{1}{l}\int_p^0 \frac{\mu + 2nx}{1 - \mu \cdot 2nx} \cdot \frac{E}{r(\ln c - \ln r)} \cdot (2n\Delta sx + n\Delta s^2)\mathrm{d}x + \tau_{cr} \\ &= \frac{E}{2r\mu l(\ln c - \ln r)}\left[2np + \frac{(1+\mu^2)\ln(1 - 2\mu np)}{\mu}\right]\Delta s^2 \\ &\quad + \frac{E}{2r\mu^3 nl(\ln c - \ln r)}[2\mu np(1 + \mu^2 + \mu np) + (1+\mu^2)\ln(1 - 2\mu np)]\Delta s + \tau_{cr}\end{aligned} \tag{4.43}$$

用（$s-s_{cr}$）代替 Δs，根据以上分析此阶段的粘结滑移本构关系为：

$$\tau=\frac{E}{2r\mu l(\ln c-\ln r)}\left[2np+\frac{(1+\mu^2)\ln(1-2\mu np)}{\mu}\right]\cdot(s-s_{cr})^2+\frac{E}{2r\mu^3 nl(\ln c-\ln r)}$$
$$[2\mu np(1+\mu^2+\mu np)+(1+\mu^2)\ln(1-2\mu np)](s-s_{cr})+\tau_{cr} \tag{4.44}$$

4.3.4 下降段

当肋间混凝土咬合齿被剪断后，锥楔作用的传力机制已经不存在。随着钢筋连带肋间充满的混凝土被缓缓拔出，粘结应力迅速下降。其主要原因有两方面：第一，被剪坏的凹凸界面逐渐被挫平水泥石颗粒磨细，磨细的颗粒在界面滚动从而导致摩擦系数呈负指数衰减[6]，摩阻力降低，如图 4.6 所示。第二，随滑移量的增加混凝土粉末不断被带出，将导致接触面压力的减小，本章参考文献［13］描述了钢筋拔出后界面出现的大量粉末状颗粒。

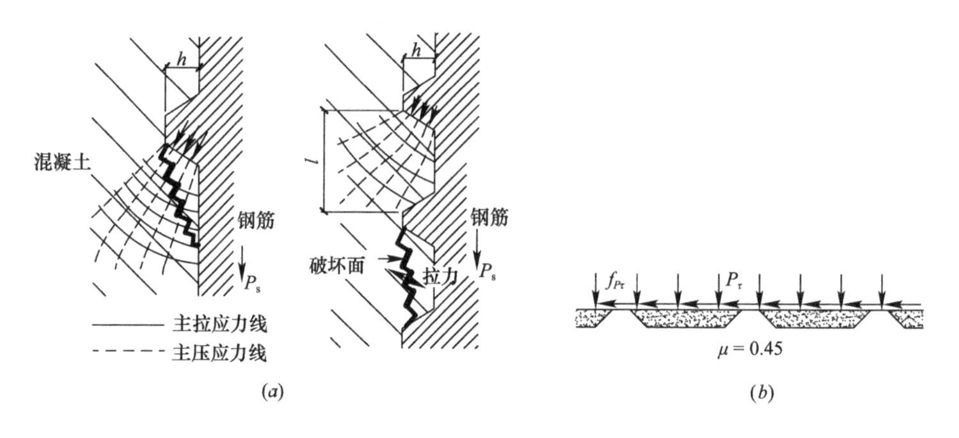

图 4.6 滑移面的挫平

然而，锥楔作用的传力机制在粘结—滑移曲线的上升段迫使混凝土膨胀，箍筋中蓄积了一定的拉应力，在下降段箍筋变被动为主动，蓄积在箍筋中的拉应力开始释放，因此在一定的滑移距离内能够弥补混凝土粉末刮出带来的压力损失，使得试件的承载力降低是一个相对较缓慢的过程。

本章参考文献［7］通过试验测量了箍筋应变与粘结应力的关系，试件的几何尺寸如图 4.7 所示，在试件长 66mm 的粘结区域内布置有两个箍筋，箍筋直径为 6mm，间距 30mm。每根箍筋上布置有 2 个应变片，以观察拉拔试件中箍筋所起作用。28d 抗压强度 $f_{cu,28}=44.07$MPa，劈裂抗拉强度 $f_{t,s}=3.50$MPa，弹性模量 $E_c=3.27\times10^4$N/mm。

由图 4.8 可见，试件在未达峰值荷载之前，箍筋发挥作用的程度非常有限，仅 80～100$\mu\varepsilon$ 左右，箍筋应力仅为 20N/mm^2 左右；达到峰值荷载时，靠近加载端的应变已经

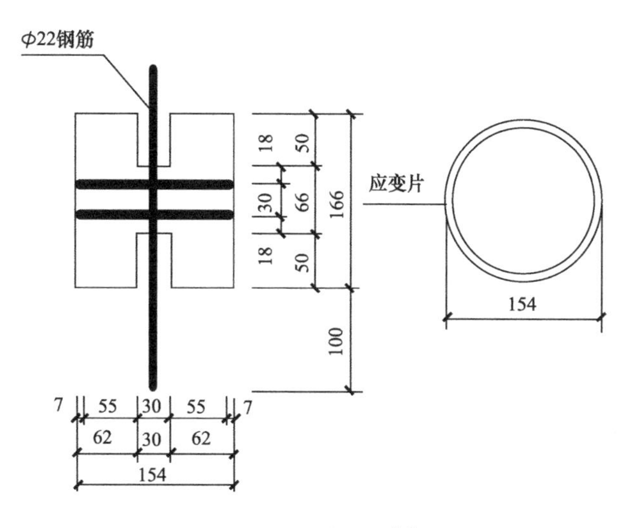

图 4.7　试件尺寸[7]

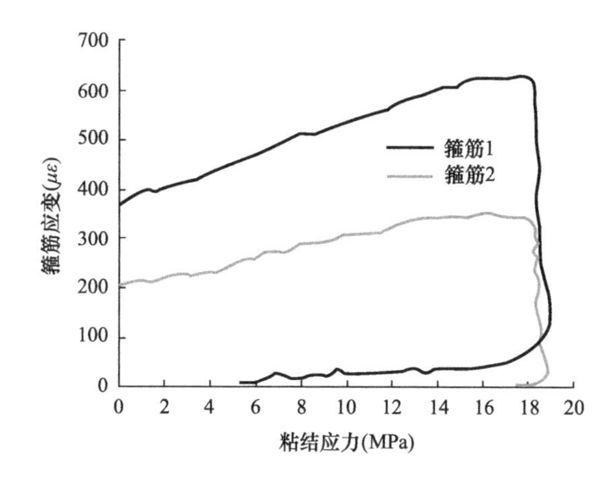

图 4.8　箍筋应变与粘结应力的关系[7]

超过了 600$\mu\varepsilon$，增幅达 5 倍，箍筋中的应力为 130N/mm^2 左右，横向箍筋在下降段发挥作用的效果明显。虽然箍筋中的应力远不及屈服强度，但是直到钢筋被拔出，箍筋的应变都未能复零。Bamonte[14] 的研究成果表明拔出过程对混凝土试件的损伤致使微裂缝不能闭合是箍筋应变不能复零的原因。过厚的保护层会降低箍筋应力释放的敏感性，对粘结滑移曲线的下降段带来不利影响。通过分析各参数的影响，结合对本章参考文献［7］中 2 组共 8 个圆形配箍试件下降段的研究发现粘结滑移曲线的下降段可用负指数函数表示：

$$\tau = \tau_u \cdot e^{\frac{(s_1-s)f_{tu}}{100(1+8.5\rho_{sv})}\cdot\frac{c}{d}} \tag{4.45}$$

式中，s_1——峰值滑移；c/d——相对混凝土保护层厚度；$\rho_{sv}=\pi d_{sv}^2/(4c\cdot S_{sv})$——横截面配箍率；$d_{sv}$——箍筋直径；$S_{sv}$——箍筋间距。

4.4 公式中主要参数的取值

4.4.1 摩擦系数

钢筋锈蚀使钢筋表面产生锈坑，增加了钢筋表面的粗糙度，这样钢筋和混凝土之间的咬合力增强，因而钢筋和混凝土之间的粘结力和摩擦力都有所增加。本章参考文献［13］把钢筋表面粗糙度分为无锈、轻锈、重锈、腐锈四类，通过精心设计的试验测量了钢筋和混凝土的粘结参数。试验结果表明上述四种情况下摩擦系数从 0.2 渐增至 0.6。应当指出，变形钢筋拔出的过程中既有钢筋与混凝土的摩擦也有滑移路径上混凝土之间的摩擦，书中设计了专门的辅助试验测量了钢—混凝土和混凝土—混凝土之间的摩擦系数，见第 2 章表 2.6 和表 2.7。

通过试验研究发现，高温后混凝土间的摩擦系数在 0.5～0.6 之间，轧制钢与混凝土之间的摩擦系数在 0.25～0.35 之间。动、静摩擦系数基本不随经历温度的升高而变化。由图 4.6 的模型化分析可知滑移过程中混凝土间的摩擦居多，因此初步建议取 $\mu=0.45$。

4.4.2 特征滑移

开裂滑移 混凝土发生环向开裂时的滑移 s_{cr} 由文中公式（4.33）计算。

峰值滑移 模式规范 CEB-FIP MC90 局部粘结—滑移关系采用了美国学者 Alsiwat 等[16]的成果，认为峰值滑移仅与混凝土立方体抗压强度的开方成正比。然而对比以往试验结果[7][10][15][17]发现峰值滑移对混凝土强度的变化不敏感而随钢筋肋间距的增大而增大，且约为 $l/10$。1994 年黎巴嫩的 Harajli 提出了以肋间距为参数的局部粘结—滑移模型。考虑到工程应用的简易性和适用性，根据国家标准《钢筋混凝土用钢 第 2 部分：热轧带肋钢筋》GB/T 1499.2—2018[18]将钢筋的相对肋间距表示为钢筋直径的函数，如图 4.9 所示。

可见肋间距并不是随钢筋直径的增加而等倍数的增加；Φ12 月牙肋钢筋的肋间距为 8mm，而 Φ25 的肋间距却为 12.5mm，半径增加一倍多而肋间距仅增加原来的 0.3 倍。结合分析与试验结果，考虑肋间距增大的不同步性，回归的计算公式如下：

$$s_1=\frac{l}{10}=\frac{d(0.7442-0.0093d)}{10} \tag{4.46}$$

残余滑移 根据本章参考文献［16］～［17］，达到残余粘结强度时对应的滑移量为钢筋肋间距的 0.4～0.5 倍，结合图 4.9 用钢筋直径表示肋间距，即：

$$s_2=0.4l=d(0.2977-0.0037d) \tag{4.47}$$

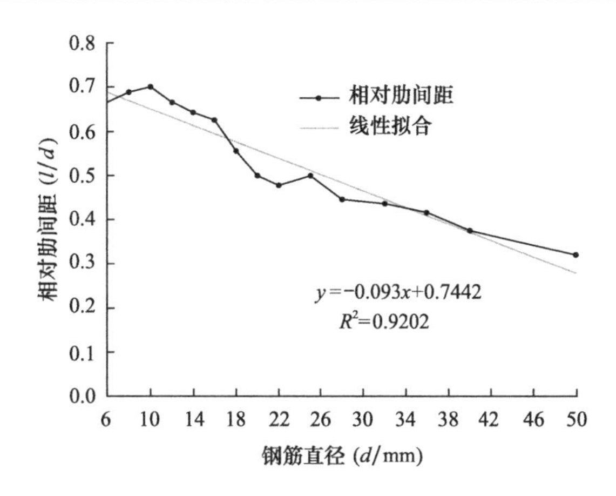

图 4.9　钢筋相对肋间距与钢筋直径的线性拟合

4.4.3　滑移路径参数

理论分析模型和有限元模型一般将钢筋横截面视为轴对称图形，然而月牙肋钢筋实际外形如图 4.10 所示，很难将其等效为轴对称图形，而滑移路径参数与等效为轴对称截面的肋高、肋间距有关。

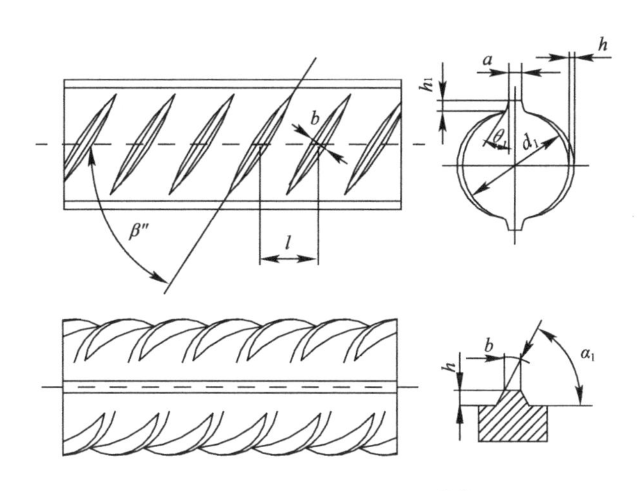

图 4.10　月牙肋钢筋外形[19]

基于以往学者的试验数据，结合文中公式（4.35）、（4.44）对滑移路径的外形参数进行反算（倾角 β 为假定值），滑移路径参数如表 4.1 所示。钢筋直径的变化范围为国家标准推荐使用的 Φ10、12、14、16、18、22、25 钢筋。

滑移路径参数　　表 4.1

Φ（mm）	10	12	14	16	18	22	25
β/°	3.500	3.167	2.833	2.501	2.168	1.500	1.000
m/mm	0.246	0.252	0.258	0.265	0.271	0.284	0.294

续表

Φ (mm)	10	12	14	16	18	22	25
p/mm	−1.117	−1.233	−1.349	−1.465	−1.580	−1.812	−1.986
l/mm	8.000	8.000	9.000	10.000	10.000	10.500	12.500
n	−0.182	−0.166	−0.150	−0.134	−0.118	−0.087	−0.063

注释：表中各参数依次为滑移面切向与钢筋纵向夹角、等效肋高、滑移面起点 x 坐标、肋间距和滑移面二次项系数。

由表 4.1 中参数的变化规律可以看出随钢筋直径的增大，肋的等效高度 m、$|p|$ 均增大，表明图 4.5 中锥状脱离体体积增大；然而随钢筋直径的增大混凝土开裂前滑移面的倾角 β 呈减小趋势，因此楔形体倾角降低而导致锥楔作用减弱，宏观表现为粘结刚度降低，此分析与本章参考文献［10］吻合。

4.5 模型可移植性分析

为验证此方法的有效性并进一步分析粘结滑移的一些基本特性，选择高向玲、王传志的试验结果进行比较，该类试验详细的提供了模型计算所需要的大部分重要参数。王传志试验概况与本章参考文献［7］相似，不同之处在于拔出钢筋直径为 12mm，保护层厚度为 50mm，$f_{cu,28}$=60.2MPa，劈裂抗拉强度 $f_{t,s}$=4.46MPa，E_c=3.60×10^4N/mm^2。

由图 4.11 可见，峰值滑移随钢筋直径的增大而增加，利用给出的参数和公式可对不同直径钢筋与不同强度混凝土间粘结滑移性能进行预测，计算值与文献试验吻合较好，且具有一定的可移植性。另外，当滑移量为峰值滑移 4 倍时，本章参考文献［20］中粘结应力降低了 46.2%，而本章参考文献［7］仅降低了 29.0%；主要原因是本章参考文献［20］采用较大混凝土相对保护层厚度（c/d），降低了箍筋应力释放的有效性，混凝土损伤导致的微裂缝不能完全闭合；同时，对比试验印证了关于下降段的理论分析。

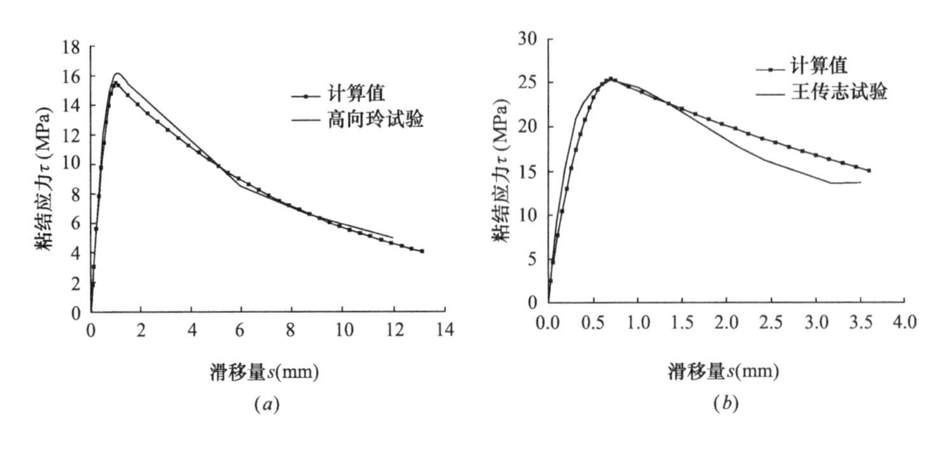

图 4.11 试验值与计算值的对比

4.6　基于力学模型的高温后粘结—滑移本构

4.6.1　高温后混凝土抗拉强度

测定混凝土抗拉强度采用立方体试件（边长为100mm）的劈裂（拉）试验方法，混凝土的抗拉强度随试验温度的提高而单调下降。当温度 $T=20\sim100℃$ 时，混凝土的抗拉强度下降很快；在100～300℃区段内，强度下降缓慢；$T>300℃$ 后，强度近似直线下降；至 $T=900℃$，试件已呈破坏状态，几乎无法加载。工程中一般认为混凝土的高温抗拉强度对于结构和构件的高温极限承载力的贡献极小，其值可近似地按一简单的直线计算[21]：

$$\frac{f_t^T}{f_t}=1-\frac{T}{1000} \tag{4.48}$$

CEB Bulletin d'Information 228[30]中给出了普通混凝土和高强混凝土的抗拉强度与抗压强度之间的关系：

$$f_{ct}=1.8\times\left(\frac{f_{cu}}{18}\right)^{0.6} \tag{4.49}$$

结合公式4.48和4.49，即可根据高温后混凝土的残余强度计算高温后混凝土抗拉强度。

4.6.2　高温后混凝土弹模

高温后混凝土的弹性模量随温度的升高而逐渐降低，主要原因是随温度升高混凝土内部水泥砂浆和骨料界面出现裂缝，并逐渐扩展，组织松弛以及骨料自身损伤，从而导致混凝土高温变形大，弹性模量降低。表4.2列出了一些文献中的混凝土弹模随温度的表达式。从表中可以看出混凝土的初始弹性模量和峰值割线模量都随温度的升高而减小，变化规律相同。为便于应用，根据本章参考文献［23］的研究，混凝土的初始弹性模量和峰值割线模量随温度的变化可用一直线表示，见式（4.52）。式中 E_c^T 为混凝土在高温后的弹性模量，E_c 为常温下弹性模量，根据《混凝土结构设计规范（2015年版）》GB 50010—2010[28]按下式计算：

$$E_c=\frac{10^5}{2.2+\dfrac{34.7}{f_{cu}}}\quad(\mathrm{N/mm^2}) \tag{4.50}$$

高温后混凝土的弹性模量　　表4.2

参考文献出处	表达式	说明
陆洲导[22]	$E_c^T/E_c=\begin{cases}1.00-\dfrac{0.30}{200}T & 0<T\leqslant200℃\\0.87-\dfrac{0.42}{500}T & 200℃<T\leqslant700℃\\0.28 & 700℃<T\leqslant800℃\end{cases}$　(4.51)	E_c^T、E_c 分别为混凝土高温下和常温下的弹性模量

续表

参考文献出处	表达式		说明
姚亚雄[23]	$E_c^T/E_c=1-0.00094T \quad 0<T\leqslant 800℃$ (4.52)		
钮宏[24]	$E_c^T/E_c=\begin{cases}1-0.000623T & 0<T\leqslant 600℃\\1.23-0.00101T & 600℃<T\leqslant 900℃\end{cases}$ (4.53)		轻骨料混凝土
李卫[25]	$E_c^T/E_c=0.83-0.0011T \quad 60℃\leqslant T\leqslant 800℃$ (4.54)		
李引擎[26]	T (℃)	E_c^T/E_c	其他温度对应的弹性模量用插值法确定
	≤50	1.00	
	200	0.50	
	400	0.15	
	600	0.05	
胡海涛[27]	$E_{hc}^T/E_{hc}=\begin{cases}1 & 20<T\leqslant 80℃\\2.24\times10^{-6}T^2-3.32\times10^{-3}T+1.25 & 80<T\leqslant 800℃\end{cases}$ (4.55)		E_{hc}^T、E_{hc}分别为常温下和高温下高强混凝土的弹性模量

在降温过程中，混凝土的初始弹模和峰值割线模量基本上保持高温时的数值，与抗压强度一样不能回复[29]，原因与本小节开始的分析相同。

4.6.3 高温后粘结—滑移本构

高强混凝土与细晶粒钢筋粘结性能的相关研究较少。作者所在的研究小组以《混凝土结构试验方法标准》GB/50152—2012[32]规定的方法检验和评定了高强混凝土（C100）与细晶粒钢筋（500MPa）之间的粘结性能[31]；钢筋直径为16mm，粘结长度为3倍钢筋直径，试件边长为10倍钢筋直径。首先以此次试验参数为基础，将公式计算得到的粘结—滑移关系曲线与模式规范CEB-FIP Model Code 1990[33]比较，进一步证明文中方法的可行性。然后，结合高温后混凝土材性的变化得到公式所需的关键参数，最终得到高温后粘结—滑移本构。

CEB-FIP Model Code 1990中粘结—滑移关系曲线的上升段为：

$$\tau_b=\tau_{b,\max}\left(\frac{s}{s_1}\right)^{\alpha} \tag{4.56}$$

图4.12是模式规范CEB-FIP Model Code 1990中的粘结—滑移模型；表4.3为CEB-FIP Model Code粘结—滑移曲线控制参数。

将公式得到的粘结—滑移关系曲线与CEB-FIP Model Code 1990结果绘于图4.13中。通过对比发现书中方法得出的极限粘结强度及峰值滑移等与模式规范十分接近；特别是极限粘结强度，相对误差仅为1.27%。

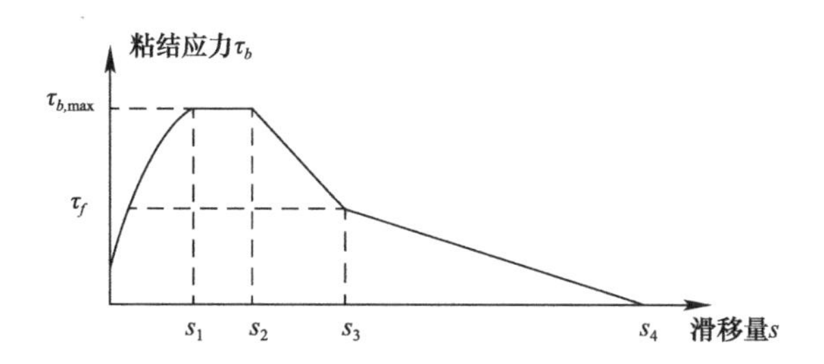

图 4.12 CEB-FIP Model Code 带肋钢筋粘结—滑移关系

CEB-FIP Model Code 粘结—滑移曲线控制参数 **表 4.3**

参数分类	粘结条件			
	普通混凝土		高强混凝土	
	好	其他情况	好	其他情况
s_1	1.0mm	1.0mm	0.5mm	0.5mm
s_2	3.0mm	3.0mm	1.5mm	1.5mm
s_3	净肋间距	净肋间距	净肋间距	净肋间距
s_4	3.0mm（肋间距）	3.0mm（肋间距）	3.0mm（肋间距）	3.0mm（肋间距）
α	0.4	0.4	0.3	0.3
$\tau_{b,max}$	$0.45f_{cu}$	$0.225f_{cu}$	$0.45f_{cu}$	$0.225f_{cu}$
τ_f	$0.4\tau_{b,max}$	$0.4\tau_{b,max}$	$0.4\tau_{b,max}$	$0.4\tau_{b,max}$

注释：表 4.3 中良好的粘结状态包括：1）混凝土保护层厚度足够大（$c>5d$）；2）钢筋净间距足够大（$a>10d$）；3）足够的密横向箍筋（$A_{st}>nA_s$；A_{st}为单支箍筋面积，n 为拔出钢筋根数，A_s 为拔出钢筋面积）；4）存在较强的横向压应力（$p>7.5$MPa）。

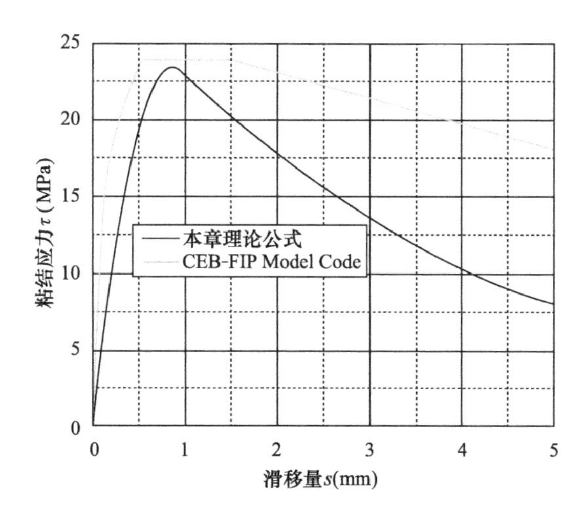

图 4.13 文中理论公式和 CEB-FIP Model Code 对比

结合公式（4.35）、（4.38）、（4.48）、（4.49）和（4.50）将主要计算参数高温后混凝土弹性模量、高温后混凝土抗拉强度、高温后混凝土开裂特征滑移和高温后开裂粘结应力等列于表 4.4 中。

高温后关键参数 **表 4.4**

温度（℃）	高温后弹模（MPa）	高温后抗拉强度（MPa）	开裂特征滑移（MPa）	开裂粘结应力（MPa）
20	39600	5.21	0.028235998	2.698185799
200	32155.2	4.168	0.027818717	2.158548639
400	24710.4	3.126	0.027149998	1.618911479
500	20988	2.605	0.026637734	1.349092899
600	17265.6	2.084	0.025904586	1.079274319
700	13543.2	1.563	0.02476842	0.80945574
800	9820.8	1.042	0.022770966	0.53963716

图 4.14 为利用公式计算得出的不同温度经历的粘结—滑移曲线。从图 4.14 中可见，随温度经历的升高钢筋与混凝土之间的粘结—滑移性能迅速退化；结合计算过程可知退化的主要原因包括两方面：

（1）高温导致混凝土弹性模量降低；

（2）高温导致混凝土抗拉强度降低。

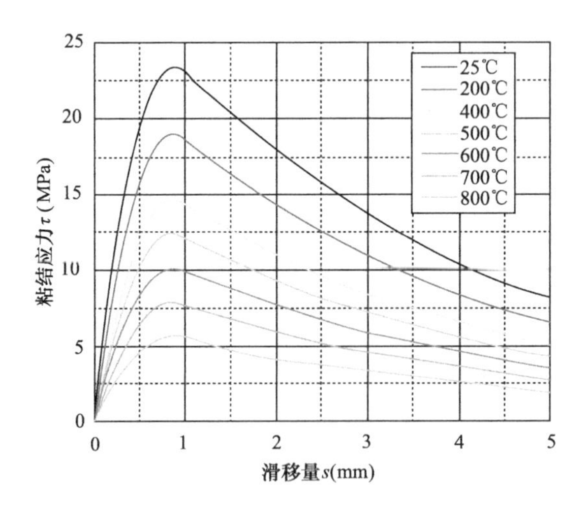

图 4.14 高温后粘结—滑移曲线

图 4.15 为计算值与本章参考文献［31］试验值的对比，试验过程中较低温度经历的试件未得到完整的粘结—滑移关系曲线（钢筋屈服后拉断或试件劈裂），故仅和 600℃、800℃温度经历的试件进行了对比。通过对比发现 800℃温度经历试件的试验值与计算值比较吻合，而 600℃温度经历时的误差较大，主要原因可能包括：

（1）本章理论模型主要针对配有横向箍筋或混凝土保护层厚度足够大时发生的刮出式破坏，而本章参考文献［31］中破坏模式以混凝土劈裂居多；

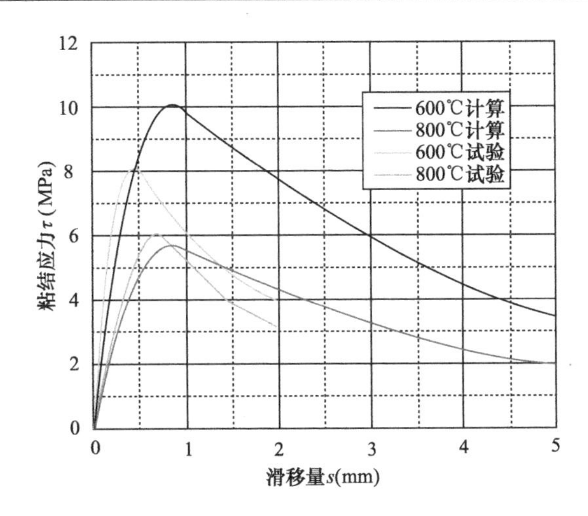

图4.15　粘结滑移曲线计算值和试验值对比

(2) 配合比对高温后混凝土弹模有一定影响，本章参考文献［31］中未给出高温后混凝土弹模的退化规律，而采用其他成果可能导致计算误差；

(3) 高温作用后一系列的物理、化学变化导致混凝土变得疏松，破坏形式将从劈裂破坏向刮出式破坏过渡，因此600℃温度经历试件的试验值低于计算值，而800℃时吻合较好。

4.7　本章小结

(1) 基于文中提出的模型可将滑移量作为位移边界条件引入，通过增加滑移量即可得到峰值粘结强度前各级滑移量对应的粘结应力，用数学语言描述了变形钢筋的锥楔作用粘结机制。

(2) 从理论上阐明了钢筋半径对粘结滑移本构关系的影响：随钢筋直径的增加粘结应力降低，开裂滑移量增大，见文中式（4.35）和式（4.38）。

(3) 粘结滑移本构关系的下降段可用负指数函数表示。结合基础参数试验可知，混凝土的损伤是粘结—滑移关系曲线出现下降段的原因。对于圆形配箍试件，混凝土相对保护层厚度（c/d）过大对粘结本构的下降段有不利影响。

(4) 混凝土之间的摩擦系数为0.5～0.6，混凝土和轧制钢的摩擦系数为0.25～0.35；由文中公式可知混凝土开裂前泊松比ν的变化对粘结滑移本构关系的影响不明显，可取为0.167。

(5) 高温后混凝土弹性模量和抗拉强度降低是钢筋与混凝土粘结—滑移性能退化的主要原因。

(6) 表4.1中滑移路径参数由以前学者试验曲线反算求得，能否准确反映混凝土的内裂过程有待于细观试验的进一步验证。

参考文献

[1] Tepfers R.. Cracking of concrete cover along anchored deformed reinforcing bars [J]. Magazine of Concrete Research, 1979, 31 (106): 3-12.

[2] Esfahani M. R., Rangan B. V.. Local bond strength of reinforcing bars in normal strength and high-strength concerte (HSC) [J]. ACI Structural Journal, 1998, 98 (2): 96-106.

[3] Esfahani M. R., Rangan B. V.. Bond between normal strength and high-strength concrete (HSC) and reinforcing bars in splices in beams [J]. ACI Structural Journal, 1998, 95 (3): 272-280.

[4] Somayaji S., Shah S. P.. Bond stress versus slip relationship and cracking response of tension members [J]. Journal of the American Concrete Institute, 1981, 78 (3): 217-225.

[5] Yankelevsky D. Z.. Bond action between concrete and a deformed bar-a new model [J]. Journal of the American Concrete Institute, 1985, 82 (2): 154-161.

[6] 徐有邻，沈文都，汪洪. 钢筋混凝土粘结锚固性能的试验研究 [J]. 建筑结构学报，1994 (5): 26-36.

[7] 高向玲. 高性能混凝土与钢筋粘结性能的试验研究及数值模拟 [D]. 上海：同济大学，2003.

[8] 宋力. 碳纤维布加固锈蚀钢筋混凝土梁的弯曲疲劳性能与寿命评估 [D]. 上海：同济大学，2008.

[9] 徐秉业，王建学. 弹性力学 [M]. 北京：清华大学出版社，2007.

[10] 徐有邻. 变形钢筋—混凝土粘结锚固性能的试验研究 [D]. 北京：清华大学，1990.

[11] 蒋大骅. 钢筋与混凝土的结合与滑移 [J]. 同济大学学报，1984，(4): 8-17.

[12] Gambarova P. G., RosatiG.. Bond and splitting in reinforced concrete: test results on bar pull-out [J]. Materials and Structures, 1996, 29 (189): 267-276.

[13] 过镇海，时旭东. 钢筋混凝土原理和分析 [M]. 北京：清华大学出版社，2003.

[14] Bamonte P. F., Gambarova P. G.. High-bond bars in NSC and HPC: study on size effect and on the local bond stress-slip law [J]. Journal of Structural Engineering, 2007, 133 (2): 225-234.

[15] 过镇海. 混凝土的强度和变形：试验基础和本构关系 [M]. 北京：清华大学出版社，1997.

[16] Alsiwat J. M., Saatcioglu M.. Reinforcement anchorage slip under monotonic loading [J]. Journal of Structural Engineering, 1992, 118 (9): 2421-2438.

[17] Harajli M. H.. Development/splice strength of reinforcing bars embedded in plain and fiber reinforced concrete [J]. ACI Structural Journal, 1994, 91 (5): 511-520.

[18] 中华人民共和国标准，钢筋混凝土用钢　第2部分：热轧带肋钢筋 GB/T 1499.2—2018 [S]. 北京：中国建筑工业出版社，2018.

[19] 刘刚，徐有邻. 混凝土结构用钢筋外形的研究 [J]. 工业建筑，2005 (8)：85-88.

[20] 王传志，滕智明. 钢筋混凝土结构理论 [M]. 北京：中国建筑工业出版社，1985.

[21] 过镇海，时旭东. 钢筋混凝土原理和分析 [M]. 北京：清华大学出版社，2003.

[22] 陆洲导. 钢筋混凝土梁对火灾反应的研究 [D]. 上海：同济大学，1989.

[23] 姚亚雄，朱伯龙. 钢筋混凝土框架结构抗火试验研究 [J]. 同济大学学报，1996，24 (6)：619-624.

[24] 钮宏，马文风，姚亚雄. 轻骨料混凝土构件抗火性能试验研究 [J]. 建筑结构，1996，7：29-33.

[25] 李卫，过镇海. 高温下混凝土的强度和变形性能试验研究 [J]. 建筑结构学报，1993，14 (1)：8-16.

[26] 李引擎，马道贞，徐坚. 建筑构件防火设计计算和构造处理 [M]，北京：中国建筑出版社，1991.

[27] 胡海涛，董毓利. 高温时高强混凝土强度和变形的试验研究 [J]. 土木工程学报，2002，35 (6)：44-47.

[28] 中华人民共和国标准. 混凝土结构设计规范（2015年版）GB 50010—2010 [S]. 北京：中国建筑工业出版社，2011.

[29] Marechal J. V.. Variations in the modulus of elasticity and possion's ratio with temperature [J]. ACI SP 34-27，Detroit，1972：495-503.

[30] Comité Euro-International duBéton (CEB). High performance concrete，recommended extensions to the model code 90，research needs. Paris，1995.

[31] 肖建庄，黄均亮，赵勇. 高温后高性能混凝土和细晶粒钢筋间粘结性能 [J]. 同济大学学报（自然科学版），2009，37 (10)：1296-1301.

[32] 中华人民共和国标准，混凝土结构试验方法标准 GB 50152—2012 [S]. 北京：中国建筑工业出版社，2012.

[33] CEB-FIP. CEB-FIP Model Code 1990. CEB Bulletin d'Information 213/214，Thomas Telford Ltd. 1993，ISBN 0-7277-1696-4：462.

第 5 章　基于 ANSYS 接触分析的粘结—滑移数值模拟

5.1　概述

关于粘结—滑移的有限元模型[1]问世后，数值模拟技术在此领域开始飞速发展。包括线性[2]和非线性弹簧单元[3]模型、界面层模型[4]、2D 塑性粘结模型[5]、格构模型[6]、3D 界面模型[7]等。近年来，商业有限元软件日臻完善，在前处理、运算功能和后处理方面均表现出较强功能。ANSYS 中内含的多种单元类型和材料本构模型为混凝土结构仿真提供了理论平台，正逐渐成为结构理论研究和工程应用的常用工具软件[8]~[9]。1991 年，Hemmaty[10]首次用 ANSYS 中的非线性弹簧单元（COMBIN39）对钢筋与混凝土粘结滑移问题进行数值模拟。国内的王依群[11]和刘佩玺[12]分别在 2006 年和 2007 年也用同样的单元（COMBIN39）对此问题进行了数值模拟。本章基于 ANSYS10.0 的接触分析功能，实现了粘结滑移问题的数值模拟，对单元应力的分布规律进行了细致的研究，并与试验结果进行了对比分析；结果表明，基于 ANSYS 接触分析的数值模拟技术不仅可以对试验结果进行补充，而且有助于在更深的层次上对粘结机制有更清楚的认识和理解。

5.2　局部粘结滑移滑移试验试件参数

粘结性能是钢筋混凝土结构最基本的力学性能之一，从钢筋混凝土诞生以来就一直受到学术界的关注。随着经济的发展，建筑防灾越来越被社会重视，因此高温对混凝土与钢筋间粘结性能的影响也成为研究的热点。作者所在研究小组曾针对高温后细晶粒钢筋与高性能混凝土之间的粘结滑移性能做了详细的试验研究。分别针对常温、400℃、600℃和 800℃等温度经历的混凝土拔出试件进行了试验研究[13]。根据《混凝土结构试验方法标准》GB/50152—2012[14]规定的方法检验和评定了高性能混凝土（C100）与细晶粒钢筋（500MPa）之间的粘结性能，粘结长度为 5 倍钢筋直径，试件边长为 10 倍钢筋直径。试件的几何尺寸如图 5.1 所示，高性能混凝土配合比设计见表 5.1。

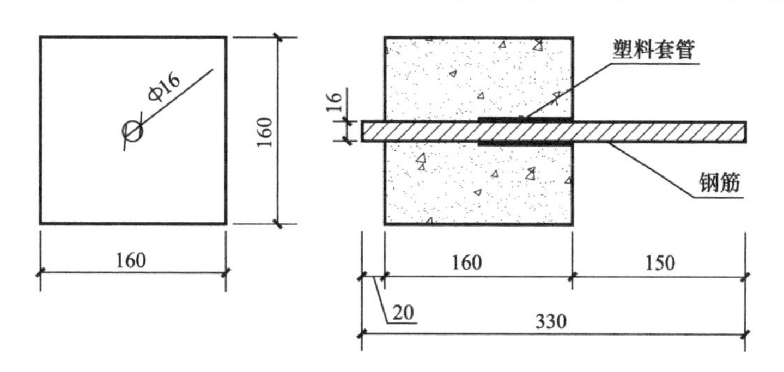

图 5.1　试件几何尺寸（单位：mm）

C100 混凝土配合比　　**表 5.1**

每立方米混凝土各种材料用量（kg/mm）							
水泥	矿渣	硅粉	水	砂	碎石（5-20mm）	减水剂	坍落度（cm）
420	120	60	162	615	1140	9.526	20

搅拌工艺为：先投入水泥、矿渣、硅粉、砂及碎石，搅拌均匀后加入一半的水搅拌约 2min，然后加入另一半水并紧跟着加入减水剂，搅拌 3～4min 后出料，然后注入钢模，人工插捣密实后用刮刀插实周边、抹平表面，在试验室放置一天后拆模，室内自然养护 28 天。实测坍落度在 200～220mm 之间。拔出试验的结果如表 5.2 所示。

高温后拔出试验结果　　**表 5.2**

温度（℃）	破坏模式	极限荷载（kN）	粘结强度（MPa）	峰值滑移（mm）
20	钢筋屈服后被拉断	123.094	30.611	0.062
400	劈裂	111.373	27.696	0.236
600	劈裂	32.472	8.075	0.437
800	劈裂	24.480	6.088	0.674

5.3　材料模型定义

5.3.1　钢筋材料模型

在 ANSYS 程序分析中，钢筋材料采用双线性等向强化模型（MISO）模拟。高温后钢筋力学性能试验见第 3 章，不再赘述。高温后弹性模量、屈服强度和极限强度按表 5.3 选取，泊松比取 0.3，忽略温度经历对钢材弹性模量的影响。

500MPa 细晶粒钢筋材料性质 **表 5.3**

直径（mm）	屈服强度（MPa）	屈服应变（$\times10^{-2}$）	极限强度（MPa）	极限应变（$\times10^{-2}$）	弹性模量（GPa）
16	500	0.27	666	12.15	206

5.3.2 混凝土材料模型

混凝土材料的定义包括混凝土在单轴受压下的应力应变曲线和混凝土的破坏准则两部分。高温后混凝土单轴受压应力应变关系可采用本章参考文献［15］所提出的模型，表达式见式（5.1）。将应力应变曲线简化为多段折线，按照多线性等向强化模型 MISO 模型输入。

$$y=\begin{cases}\dfrac{ax-x^2}{1+(a-2)x} & x\leqslant 1\\[2ex] \dfrac{x}{b(x-1)^2+x} & x>1\end{cases} \tag{5.1}$$

其中，$x=\varepsilon/\varepsilon_0$，$y=\sigma/\sigma_0$；$\varepsilon_0$ 为峰值应变，取 0.0033；σ_0 为峰值应力，取 80MPa。式（5.1）中参数 a，b 的取值如表 5.4 所示。

参数 a 与 b 的取值 **表 5.4**

温度（℃）	20	200	400	500	600	800
a	1.398	1.507	1.007	1.132	1.000	1.002
b	0.717	0.414	3.303	3.306	1.597	14.189

混凝土峰值应变随温度经历的变化采用本章参考文献［15］提出的经验公式计算：

$$\frac{\varepsilon_0^T}{\varepsilon_0}=1+0.002T \tag{5.2}$$

5.4 单元类型选择

钢筋采用 SOLID45 单元模拟。虽然 ANSYS10.0 专门提供了面向混凝土、岩石材料的 SOLID65 单元，但是为确保计算收敛常关闭压碎开关，此时相当于采用了“拉力截断”（Tension Cut Off）的 Von Misses 模型，只有当围压很小的情况下才能取得良好的计算结果。然而，拔出过程中带肋钢筋的锥楔作用导致钢筋和混凝土界面存在很大的被动压力，采用此单元势必影响计算的准确性[16]。本书采用 SOLID185 单元模拟混凝土，SOLID185 是一种采用力与位移混合形状函数的线形六面体单元，单元技术包括 $\bar{B}$ 方法（选择缩减积分法）、一致缩减积分法和增强应变方法，其中 $\bar{B}$ 方法可有效防止“剪切闭锁”，选用此单元可促进计算收敛保证计算效率。在钢筋和混凝土的界面上插入界面单元，采用面—

面接触单元，较刚的钢筋表面被当作“目标”面，采用 TARGE170 来模拟 3D 的“目标”面，较柔的混凝土表面被当作“接触”面，用 CONTA174 模拟，目标单元和接触单元必须设置相同的实常数号。

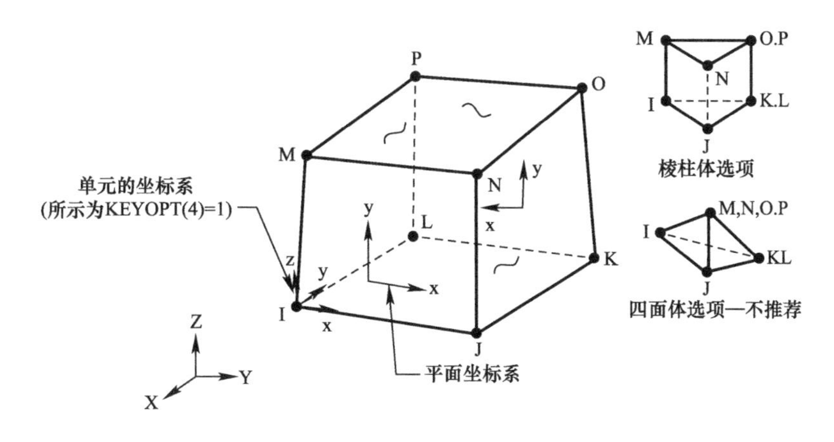

图 5.2　SOLID45 单元

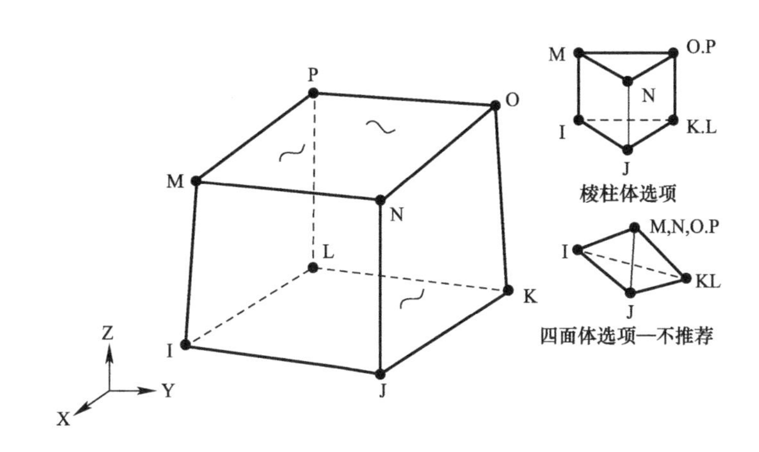

图 5.3　SOLID185 单元

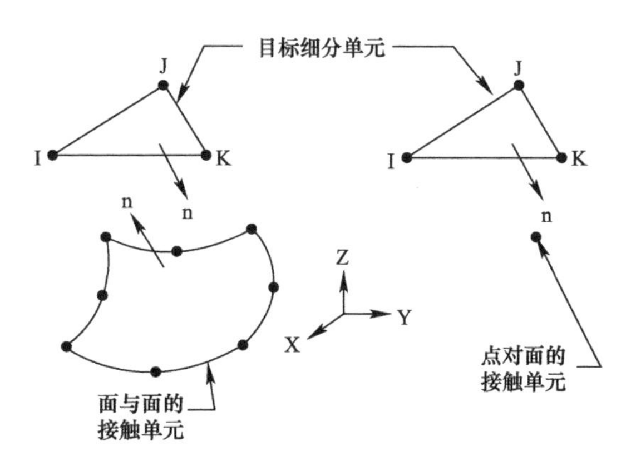

图 5.4　TARGE170 单元

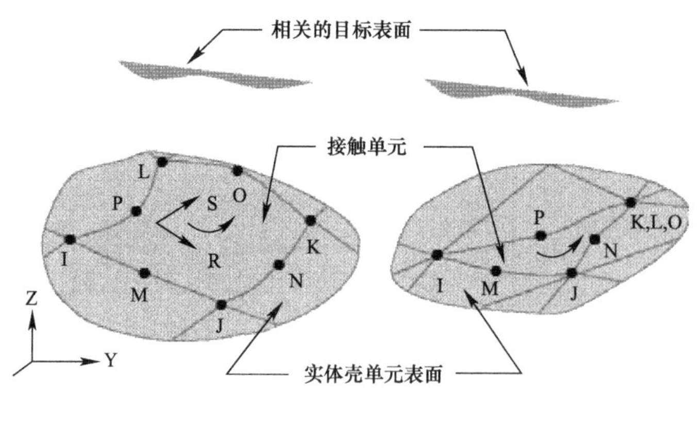

图 5.5 CONTA174 单元

5.5 设置接触单元实常数和关键选项

5.5.1 实常数

ANSYS 10.0 使用 20 个实常数控制面—面接触单元的接触，忽略控制热接触模拟的实常数，针对几个主要实常数做如下几点说明：

(1) FTOLN 为拉格朗日算法指定容许的最大穿透。正值代表下伏单元厚度的比例因子，负值作为绝对值，如果程序发现穿透大于此值时，即使不平衡力和位移增量已经满足了收敛准则，总的求解仍被当作不收敛处理。此值太小可能会造成太多的迭代次数或者不收敛，太大会影响计算精度，文中设置 FTOLN=－0.02。

(2) FKN 为接触刚度指定一个比例因子或指定一个绝对值。比例因子一般在 0.01 和 10 之间，对于弯曲为主的问题，通常为 0.01～0.1；对于书中的大变形问题，设置 FKN=1 既可以避免过多的迭代次数时又能使穿透到达极小值。

(3) ICONT 指定一个初始接触环，初始接触环是指沿着目标面的“调整环”的深度。ICONT 正值表示相对于下伏单元厚度的比例因子；负值表示接触环的绝对值。任何落在“调整环”域内的接触检查点将被自动移到目标面上，如图 5.6 所示。建议使用一个十分小的 ICONT 值，否则可能会发生严重的不连续 [图 5.6 (*b*)]。

(4) COHE 和 TAUMAX 的设置见 5.2.4。

5.5.2 单元关键选项

面—面接触单元包括数个关键选项。对大多数接触问题，默认的关键选项是合适的。对于带肋钢筋与混凝土粘结—滑移问题的模拟，需要改变几个默认值才能得到较理想的结果。

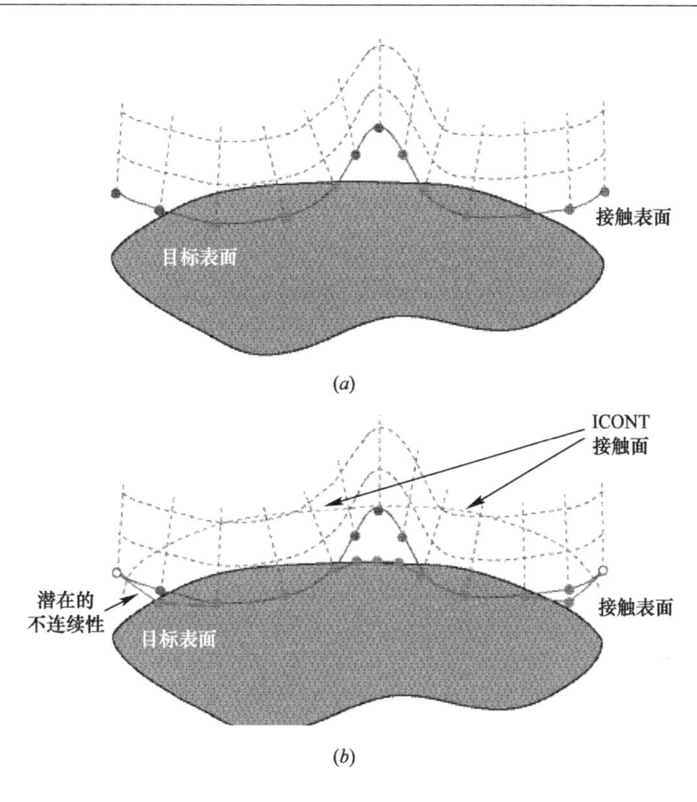

图5.6　ICON对接触面的调整

(a) 调整前；(b) 调整后

(1) 设置KEYOPT(5)=3：闭合间隙或减少初始穿透。

(2) 设置KEYOPT(7)=1：如果一次迭代期间产生太大的穿透，或者接触状态急剧变化，则进行时间步长二分。

(3) 设置KEYOPT(10)=1：允许已处于“闭合”状态的单元的接触刚度在荷载步之间改变。对于从“张开”到“闭合”状态的单元，将在每一个子步上修正接触刚度。

5.6　库仑摩擦模型

界面接触单元支持库仑摩擦模型，在基本的库仑摩擦模型中，两个接触面在开始相互滑动之前，在它们的界面上会有达到某一大小的剪应力产生，这种状态则作粘合状态(Stick)。库仑摩擦模型定义了一个等效剪应力τ，在某一法向压应力p作用下剪应力达到此值时表面开始滑动：

$$\tau = \mu p + COHE \tag{5.3}$$

式中，μ为摩擦系数，作为材料特性定义，COHE为粘聚力。根据书中第2章的摩阻试验研究，摩擦系数几乎不随温度经历的变化而变化，取$\mu=0.45$；并且忽略摩擦生热造成的内能损失。根据第 2 章的高温后胶结剪切试验，不同温度经历混凝土和钢筋的粘聚力服从如下关系：

$$\mathrm{COHE}=\begin{cases}1.92+2.895\times\dfrac{T}{1000} & T\leqslant 400℃\\ 0 & T>400℃\end{cases} \tag{5.4}$$

一旦剪应力超过 τ 后，两个表面之间将开始相互滑动，这种状态称为滑动状态（Sliding）。ANSYS10.0 程序提供了一个人为指定最大等效剪应力的选项，不管接触压力值的大小，如果等效剪应力达到此值时，即发生滑动，如图 5.7 所示。

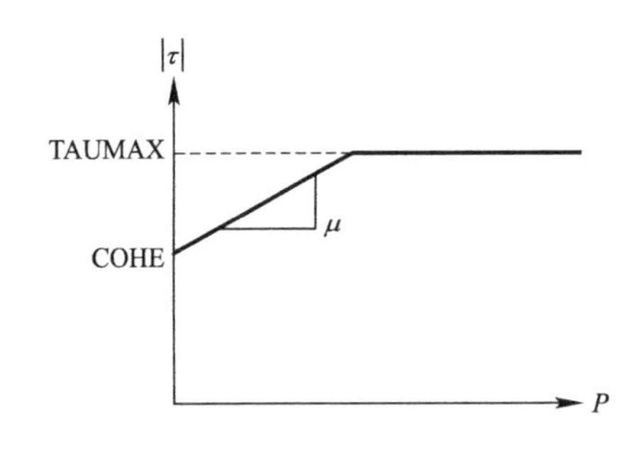

图 5.7 库仑摩擦模型

钢筋拔出时，钢筋肋与肋前混凝土间存在非常大的接触压力，以至于用库仑模型计算出的界面剪应力可能超过混凝土材料的极限抗压强度，须设置实常数 TAUMAX 指定接触界面上最大许剪应力。拔出破坏以肋间混凝土被剪断为主要的破坏形式，根据能量强度理论：

$$\sigma_{zs}=\sqrt{3\tau^2}=\sqrt{3}\tau\leqslant f_y \tag{5.5}$$

$$\tau\leqslant\frac{1}{\sqrt{3}}f_y\approx 0.58f_y \tag{5.6}$$

式（5.5）中 σ_{zs} 为 Von Mises 屈服应力（折算应力），f_y 为材料的屈服强度。混凝土作为准脆性材料并没有明显的屈服平台，建议采用《混凝土结构设计规范（2015 年版）》GB 50010—2010[17] 中的混凝土轴心抗压强度设计值 f_c 代替 f_y。因此，TAUMAX 的一个合理上限估值可取 $0.58f_c$（$f_c=35.9$MPa）。

5.7 有限元模型

5.7.1 几何模型简化

钢筋和混凝土之间的粘结力主要由三部分组成：化学胶着力、摩擦力和钢筋肋与混凝土之间的机械咬合力。化学胶着力和摩擦力在库仑摩擦模型中有充分的考虑，机械咬合力主要通过建模时生成的隆起单元提供。月牙肋钢筋实际外形如第4章图4.10所示，理论分析模型和有限元模型一般将钢筋横截面简化为轴对称图形。钢筋拔出过程中，随荷载增大，混凝土逐渐被挤压成粉末，密实的嵌固在肋的根部。荷载继续增加，贯通形成锥状脱离体[19]，脱离体表面形成新的滑移面，Gambarova[20]等学者的研究表明此阶段破碎滑移面是曲面形式，如第4章图4.5所示。

基于以上分析并结合第4章理论分析相关成果，钢筋与混凝土的滑移面应包括锥状脱离体的上表面，用二次函数对新的滑移面进行拟合：

$$y = nx^2 + m \tag{5.7}$$

显然，式（5.7）中 m 即为等效肋高。根据本章参考文献［18］中Φ16钢筋的外形特点，n 和 m 分别取−0.5和2mm，相邻肋间距为10mm。

5.7.2 有限元模型的建立

有限元分析的最终目的是要再现实际工程系统的数学行为特征，分析必须是物理原型准确的数学模型。结合第4章图4.5中轴对称简化后的几何模型，以相邻两个钢筋肋间的混凝土为研究对象，采用自下而上（依次生成点、线、面、体）的顺序建立几何模型，然后再对实体模型划分网格，得到有限元模型。具体建模步骤如下：

（1）选择所需要的各种单元类型，并设置各单元的关键选项等参数。

（2）分别输入混凝土和钢筋所需要的材料模型，定义混凝土的材料模型时输入摩擦系数 $\mu=0.45$。

（3）自底向上生成实体，即先定义关键点，然后再生成线、面和体（母线绕中心线旋转生成体）。

（4）分别选择与混凝土和钢筋实体对应的单元类型和材料属性对实体进行网格划分，六面体的SOLID单元一般比四面体的单元计算要稳定且收敛性好，尽量使用六面体单元。

（5）指定目标面和接触面，生成接触单元（一个接触对中的目标面和接触面必须有相同的实常数号）。

（6）检查接触单元外法向，确保接触面的外法向指向目标面。否则，程序认为存在过度的穿透，就很难找到初始解（至关重要）。

（7）施加必须的边界条件并定义求解选项和荷载步。

为节约机时根据对称性取1/4结构，在对称面施加对称约束。单元的划分不宜过密，同时也要兼顾有足够的单元对钢筋肋的外形进行离散，如图5.8所示。图5.9和图5.10分别是敷在钢筋表面的TARGE170单元和敷在混凝土表面的CONTA174单元。

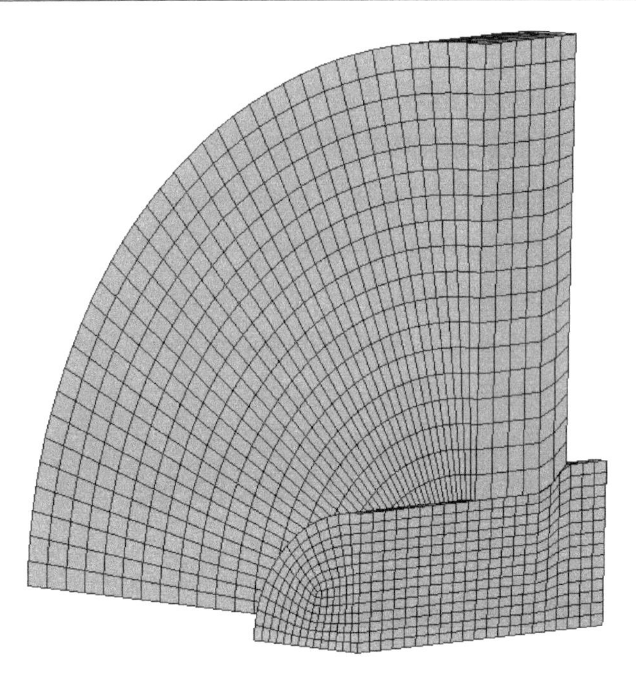

图 5.8　有限元计算模型

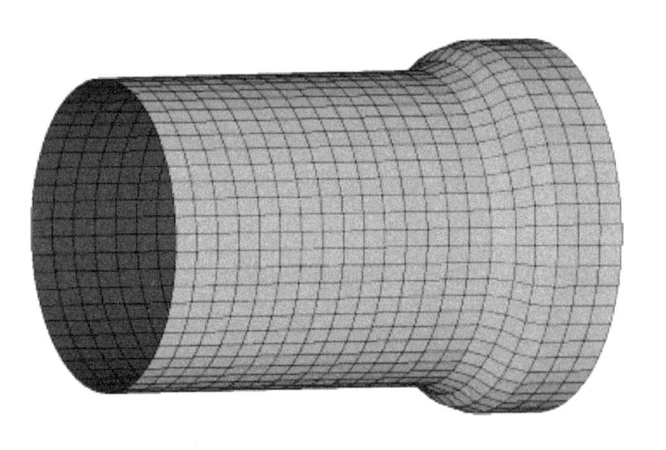

图 5.9　TARGE170 单元

图 5.10　CONTA174 单元

5.8　结果分析

5.8.1　单元应力分布规律

此部分以 20℃温度经历试件为例，研究单元应力分布。图 5.11 和图 5.12 分别为拔出过程中 CONTA174 单元的最大摩擦应力和最大压应力。由图可见：

（1）最大摩擦应力和最大压应力存在于钢筋肋上，随着到钢筋肋距离的增大而减小，在模型的最左端几乎没有压应力存在。

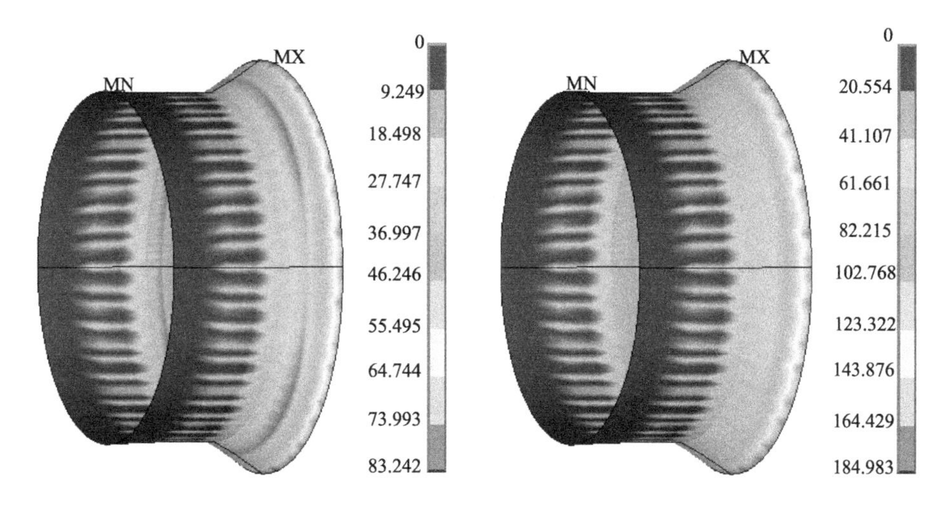

图 5.11　最大摩擦应力（单位：MPa）　　图 5.12　最大压应力（单位：MPa）

（2）拔出过程中钢筋和混凝土界面的压应力远大于 C100 混凝土的单轴极限抗压强度，主要原因是钢筋拔出时的锥楔作用激发了混凝土的被动约束，在钢筋和混凝土界面上存在较高的围压。

（3）最大摩擦应力在数值上等于最大压应力乘以摩擦系数（μ=0.45）。

图 5.13 和图 5.14 分别是 20℃温度经历试件达到峰值粘结应力时的接触状态和实体单元沿钢筋纵向的应力云图。由图可见：

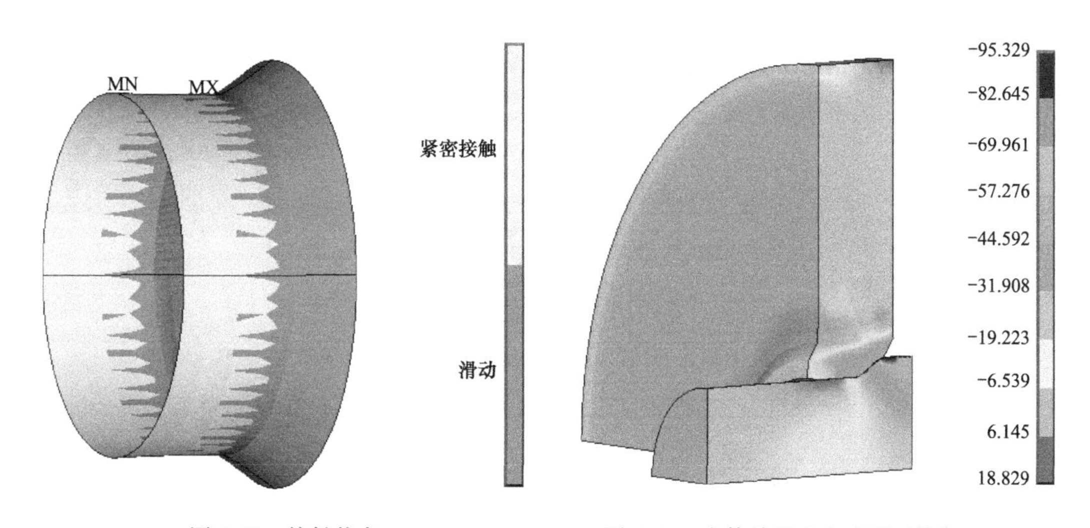

图 5.13　接触状态　　图 5.14　实体单元应力云图（单位：MPa）

（1）在拔出过程中钢筋肋始终与混凝土紧密接触，而靠近加载端的钢筋与混凝土脱离，如图 5.13 所示。

(2) 钢筋受力后在两者的接触面上发生了挤压和滑移，通过几何建模生成的隆起肋可有效地模拟咬合力，而且咬合力提供了大部分的粘结力，如图 5.14 所示。

(3) 拔出过程中混凝土径向应力分布极其复杂，由界面附近的压应力迅速转为拉应力，在较远处趋于 0。

图 5.15 为钢筋实体单元横截面的网格划分情况，图 5.16 为钢筋横截面上节点反力随滑移量的变化曲线。由图可见，钢筋横截面上的节点反力并非均匀分布，在钢筋和混凝土的界面上节点反力取得最大值，钢筋中心处取得最小值。

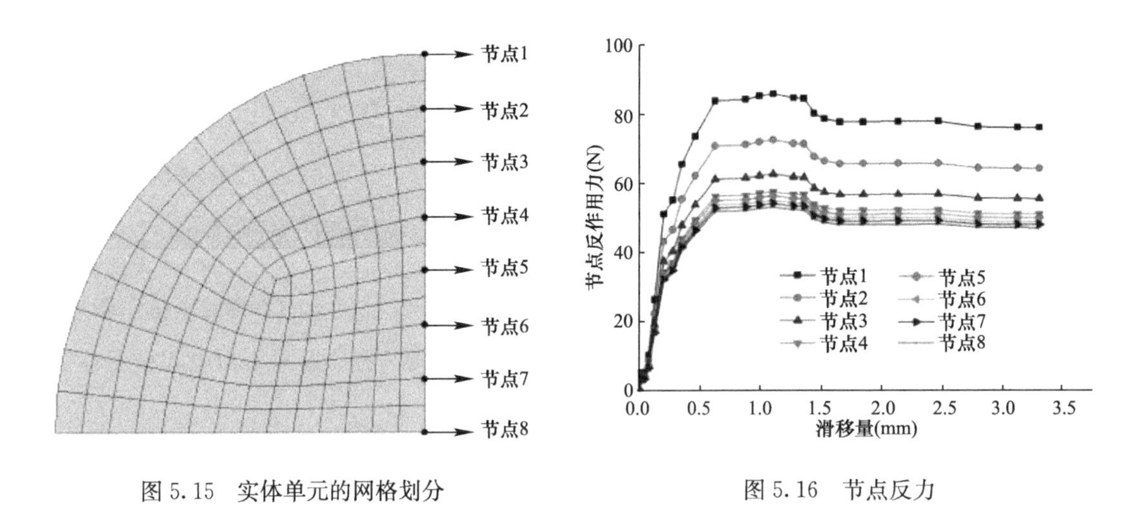

图 5.15 实体单元的网格划分　　图 5.16 节点反力

图 5.17 为钢筋横截面应力分布示意图，钢筋拔出时钢筋横截面轴向拉应力与界面的粘结应力平衡，钢筋与混凝土的粘结应力与钢筋最外侧拉应力 σ_{max} 直接相关；另一方面，试验研究习惯把作用于钢筋上的拉力除以粘结面积所得粘结应力作为“真实”的粘结应力，此应力与钢筋横截面的平均应力成正比。基于对图 5.16 和图 5.17 的分析可得到如下推论：

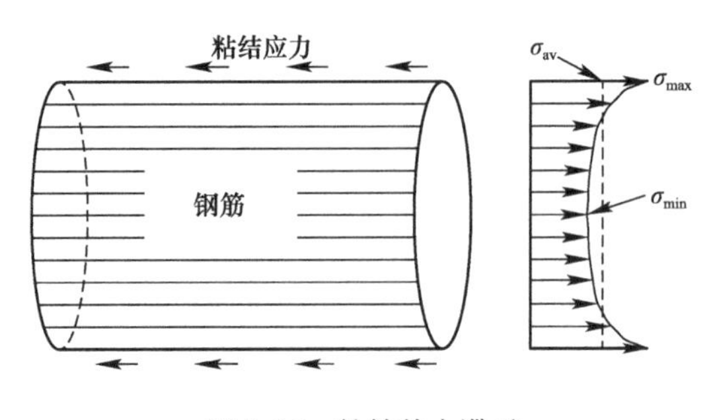

图 5.17 粘结剪力滞后

(1) 当钢筋的直径增大时，σ_{max} 和 σ_{av} 的差别会增大，出现图 5.17 所示“剪切滞后”现象，最终导致试验所得粘结强度降低。

(2) 对于 FRP 筋，轴向抗剪刚度相对较低[21]，“剪切滞后”现象相对于钢筋更明显。

(3) 提高混凝土强度或增大粘结长度，拔出过程中钢筋轴向拉应力增大，σ_{max}和σ_{av}的差别会增大，“剪切滞后”明显。

(4) 两端对拉试验中[22][23]常通过内铣槽贴应变片的方法测量钢筋应变反算粘结应力，测量结果会小于真实值。

5.8.2 FEM 数值解与试验值对比

图 5.18 为 ANSYS10.0 计算结果与本课题组试验结果[13]的对比。由于 20℃温度经历的拔出过程中钢筋被拉断，仅对 400℃、600℃和 800℃温度经历的拔出试件进行模拟。有限元模拟结果显示，随经历温度的升高钢筋与混凝土的粘结性能迅速退化，与试验结论一致。

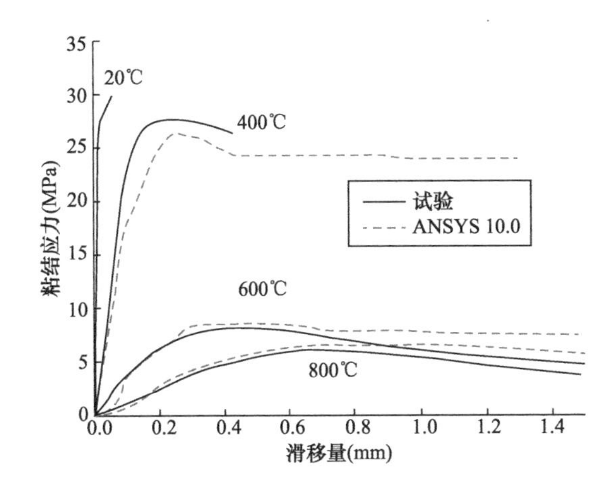

图 5.18　粘结滑移关系曲线 FEM 计算值和试验值比较

试验过程中，400℃温度经历的试件发生了劈裂破坏，没有完整的下降段。将 ANSYS10.0 模拟结果与 600℃和 800℃温度经历试块对比发现，在粘结滑移关系曲线的下降段，数值模拟结果明显高于试验结果，导致此差异的主要因素可能包括：

(1) 不同温度经历试件在拔出过程中可能会形成不同滑移面，建模时未加区分；并且忽略了温度对摩擦系数的影响。

(2) 取相邻钢筋肋间混凝土为研究对象，粘结长度仅为 10mm，与试验中 5 倍钢筋直径粘结长度相差较大。

(3) 在真实的试验过程中，钢筋和混凝土界面损伤后不断有混凝土粉末被刮出，导致界面接触压力降低，文中有限元模型未加考虑。

5.9 本章小结

本章首先基于 ANSYS 10.0 的接触分析功能对不同温度经历的混凝土拔出试件进行了

数值模拟。通过合理的选择单元类型、材料模型以及各单元实常数和关键选项的设置，可以取得比较理想的结果。该方法为位移不连续问题的数值模拟技术开辟了新思路，是对传统有限元仿真技术的传承和延伸。然而接触滑移面的确定需要大量的试算，并结合相应的试验结果来反推定之。这样的反推过程，实际上把分析和评价的过程混合在一起，对于所试算的模型及试验，无疑是可以做到很好的吻合，但方法的通用性和可移植性仍需变化更多的试验参数（混凝土强度等级、钢筋直径、粘结长度及混凝土保护层厚度等）加以证明。数值模拟得到的主要结论如下：

（1）在拔出过程中钢筋肋始终与混凝土紧密接触，而靠近加载端的钢筋与混凝土脱离，如图 5.15 所示。钢筋受力后在两者的接触面上发生了挤压和滑移，通过几何建模生成的隆起肋可有效地模拟咬合力，而且咬合力提供了大部分的粘结力，如图 5.16 所示。拔出过程中混凝土径向应力分布极其复杂，由界面附近的压应力迅速转为拉应力，在较远处趋于 0。

（2）当钢筋的直径增大时，σ_{max}和σ_{av}的差别会增大，出现图 5.17 所示“剪切滞后”现象，最终导致试验所得粘结强度降低。提高混凝土强度或增大粘结长度，拔出过程中钢筋轴向拉应力增大，σ_{max}和σ_{av}的差别会增大，“剪切滞后”明显。两端对拉试验通过内铣槽贴应变片的方法测量钢筋应变反算粘结应力时，测量结果会小于真实值。

参 考 文 献

[1] Ngo D., Scordelis A. C.. Finite element analysis of reinforced concrete beams [J], ACI Journal, 1967, 6 (3): 152-163.

[2] Bresler B., Bertero V. V.. Behavior of reinforced concrete under repeated load [J], ASCE, J. Struct. Div., 1968, 94 (6): 1567-1590.

[3] Nilson A. H.. Nonlinear analysis of reinforced concrete by the finite element method [J], ACI Journal, 1968, 65 (9): 757-766.

[4] Rernhardt H. W., Blaauwendraad J., Vos E.. Prediction of bond between steel and concrete by numerical analysis [J], RILEM Materials and Structures, 1984, 17 (100): 311-320.

[5] Cox J. V., Herrmann L. R.. Confinement-stress dependent bond behavior, Part Ⅱ: a two-degree of freedom plasticity model, Proc. Int. Conf. “Bond in Concrete: from Research to Practice”, CEB-RTU (Riga Technical University) [M], Riga (Latvia), 1992, 11. 11-11. 20.

[6] Van Mier J. G. M., VervuurtA.. Lattice model for analyzing steel-concrete interface behavior [J]. Mechanics of Geometrical Interfaces, 1995 (1): 201-225.

[7] 高向玲，李杰. 钢筋与混凝土粘结本构关系的数值模拟 [J]. 计算力学学报，2005，22 (1)：73-77.

[8] 高陈燕，尹冠生，马超. 基于有限变形理论ANSYS几何非线性算法缺陷分析 [J]. 建筑科学与工程学报，2008，25 (2)：106-110.

[9] 许强，李湘沅，陈庆，孙飞飞. 基于ANSYS平台的连续体渐进结构优化设计及其应用 [J]. 建筑科学与工程学报，2008，25 (1)：23-31.

[10] Hammaty Y.，de Roeck G.，VandewalleL.. Finite element modeling of reinforced concrete taking into consideration bond-slip [R]，5th ANSYS Int. Conf. 1991. (Pittsburgh，Penn. USA).

[11] 王依群，王福智. 钢筋与混凝土间的粘结滑移在ANSYS中的模拟 [J]. 天津大学学报，2006，39 (2)：209-213.

[12] 刘佩玺，徐永清，刘福胜. 钢筋混凝土结构粘结滑移分析在ANSYS中的实现 [J]. 山东农业大学学报 (自然科学版)，2007，38 (1)：125-130.

[13] 肖建庄，黄均亮，赵勇. 高温后高性能混凝土和细晶粒钢筋间粘结性能 [J]. 同济大学学报 (自然科学版)，2009，37 (10)：1296-1301.

[14] 中华人民共和国标准，混凝土结构试验方法标准 GB/T 50152—2012 [S]. 北京：中国建筑工业出版社，2012.

[15] 肖建庄，王平，谢猛等. 矿渣高性能混凝土高温后后受压本构关系试验 [J]. 同济大学学报 (自然科学版)，2003，31 (2)：187-190.

[16] 江见鲸，陆新征，叶列平. 混凝土结构有限元分析 (M). 北京：清华大学出版社，2004.

[17] 中华人民共和国标准，混凝土结构设计规范 (2015年版) GB 50010—2010 [S]. 北京：中国建筑工业出版社，2011.

[18] 中华人民共和国标准，钢筋混凝土用钢　第2部分：热轧带肋钢筋 GB 1499.2—2018 [S]. 北京：中国建筑工业出版社，2018.

[19] 徐有邻. 变形钢筋—混凝土粘结锚固性能的试验研究 [D]. 北京：清华大学，1990.

[20] Gambarova P. G.，RosatiG.. Bond and splitting in reinforced concrete：test results on bar pull-out [J]. Materials and Structures，1996，29 (189)：267-276.

[21] Achillides Z.，Pilakoutask K.，WaldronP.. Bond Behavior of FRP Rebar Splices. Non-Metallic (FRP) Reinforcement for Concrete Structures [R]. Proceedings of the International Symposium，Sapporo，Oct. 1997，(2)：405-412.

[22] Mains R. M.. Measurement of the distribution of tensile and bond stresses along reinforcing bars [J]. ACI Journal，1951 (3)：225-252.

[23] 高向玲. 高性能混凝土与钢筋粘结性能的试验研究及数值模拟 [D]. 上海：同济大学，2003.

第 6 章　高温后梁式粘结锚固试验及数值模拟

6.1　概述

粘结性能是钢筋混凝土结构最基本的力学性能之一，从钢筋混凝土诞生以来就一直受到学术界的关注。随着经济的发展，建筑防灾越来越受社会重视，因此高温对混凝土与钢筋间粘结性能的影响也成为研究的热点。目前，国内外的研究[1]~[10]主要集中在高温对普通混凝土和钢筋间粘结性能的影响，而且大多采用拔出试验对高温后粘结强度进行研究。本章参考文献 [11] 虽曾采用拔出试验研究高温后高性能混凝土和钢筋间粘结性能，但是粘结锚固性能对结构承载力的影响仍然无法体现。基于这样的研究背景，本章首先通过梁式试验研究高温后高性能混凝土和 HRBF500 钢筋的粘结锚固性能，然后分析粘结锚固性能对梁承载力的影响，最终基于 ANSYS 数值模拟平台建立了便于变参数分析的有限元模型，并将数值模拟结果与试验结果进行了对比和分析。

6.2　试验目的

钢筋和混凝土的粘结性能是钢筋混凝土协同工作的基础，随着社会经济的发展，高性能钢筋混凝土结构被广泛运用到高层、超高层建筑中，而建筑防灾越来越被社会所重视，通过梁式粘结试件研究了高温后细晶粒钢筋与高性能混凝土之间的粘结锚固性能，主要的试验目的包括：

（1）考察不同温度经历对细晶粒钢筋与高性能混凝土之间的粘结锚固性能的影响；

（2）考察不同粘结长度对梁力学性能的影响；

（3）研究粘结强度与高性能混凝土残余强度之间的关系。

6.3　测试内容

（1）对高性能混凝土试块和模型梁进行高温试验；

（2）测量高温后高性能混凝土的力学性能；

（3）通过测量纵向细晶粒钢筋应变和加载端及自由端滑移得到粘结—滑移关系曲线；

（4）测量高性能混凝土梁的承载力和跨中挠度，得到荷载挠度曲线。

6.4　试验设计

6.4.1　模型设计

1. 材料选择

试验中混凝土梁纵筋采用 HRBF500 细晶粒钢筋，钢筋直径 d=12mm。细晶粒钢筋的材料性能见表 6.1。

细晶粒钢筋材料性能　　　　表 6.1

直径（mm）	屈服强度（MPa）	屈服应变（$\times10^{-2}$）	极限强度（MPa）	极限应变（$\times10^{-2}$）	弹性模量（$\times10^{5}$MPa）	伸长率（$\times10^{-2}$）
12	555	0.27	721	12.15	2.06	15.8

高性能混凝土设计强度为 C80，配合比见表 6.2。

C80 高性能混凝土配合比　　　　表 6.2

配合比（kg/m^3）						坍落度（mm）
水泥	矿粉	砂	碎石（5～20mm）	水	减水剂	
406	174	619	1151	162	30	200

水泥：上海水泥厂生产的海螺牌 52.5 普通硅酸盐水泥；

磨细矿渣：上海水泥厂生产的 S90 级磨细高性能矿渣复合掺合料；

细骨料：中砂；

粗骨料：5～20mm 粒径钙质（青石）连续级配碎石；

减水剂：福建科之杰新材料有限公司生产的 Point-s 聚羧酸系高性能减水剂，含固量 53±1%，编号：A09174；

拌合水：自来水。

制备混凝土时，先投入水泥、磨细矿粉、砂及碎石，搅拌均匀后加入一半的水搅拌约 2min，然后加入另一半水并紧跟着加入减水剂，搅拌 3～4min 后出料，实测坍落度在 200mm 左右。然后注入制作好的模板内，人工插捣密实后用刮刀插实周边、抹平表面，并放于振动台振动 30s 左右。在试验室放置三天后拆模，室内自然养护 28 天，定期补充水分。

2. 试件设计

模型梁的设计参照《混凝土结构试验方法标准》GB 50152—2012[12]和 RILEM-FIP-CEB[35]建议的梁式粘结试验。试验中梁（L1、L2）的外形尺寸均为 100mm×180mm×680mm，共 18 根。其中 L1 受拉钢筋的粘结长度为 $l_a=5d$，L2 受拉钢筋的粘结长度为 $l_a=10d$。试验中，梁的温度参数分为常温（25℃）、200℃、400℃、500℃、600℃四种，高温下持续 2 小时，具体见表 6.3。

梁的种类及各温度工况　　表 6.3

梁 \ 温度/时间		25℃	200℃	400℃	500℃	600℃
L1 $la=5d$	1	5dc-1	5d2-1	5d4-1	5d5-1	5d6-1
	2	5dc-2	5d2-2	5d4-2	5d5-2	5d6-2
	3	5dc-3	5d2-3	5d4-3	5d5-3	5d6-3
L2 $la=10d$	1	X				10d6-1
	2					10d6-2
	3					10d6-3

注释：表中“X”表示无此类试件；l_a 表示粘结长度；5dc-1 中，5d 为粘结长度，c 表示常温，1 代表第 1 根梁；5d2 中，2 表示 200℃；依次类推。

试验梁的具体尺寸见图 6.1 和图 6.2。

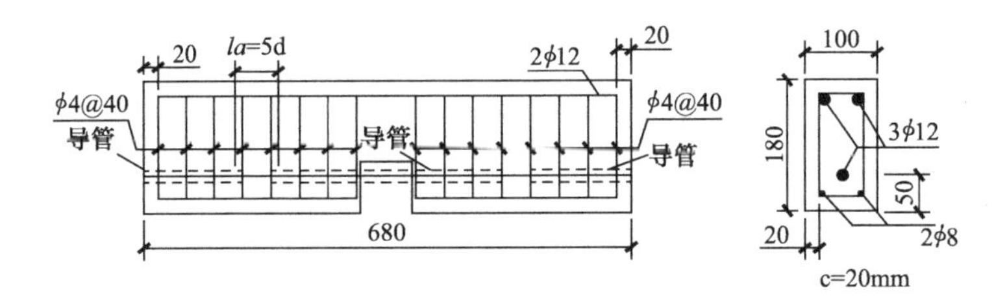

图 6.1　梁 L1 具体尺寸及配筋图

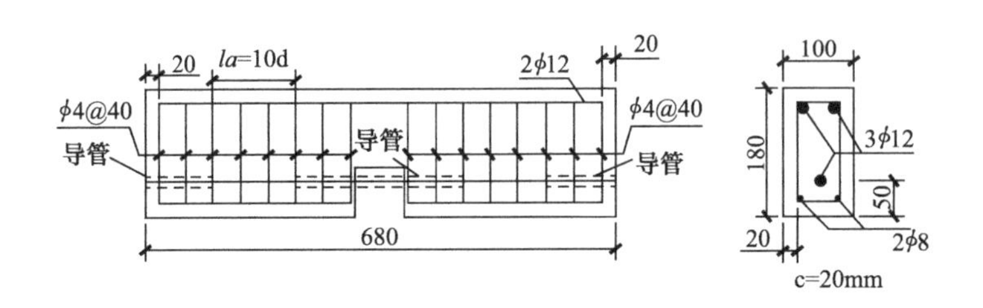

图 6.2　梁 L2 具体尺寸及配筋图

梁下部纵筋和上部两根受压钢筋均采用 $d=12$mm 的 HRBF500 钢筋，下部纵筋的保护层厚度为 50mm，上部受压钢筋的保护层厚度为 20mm，箍筋（HPB235）为 $\phi4@40$，

图6.1和图6.2中导管为PVC管，l_a标记的长度为细晶粒钢筋的粘结区域，钢筋的其他区段均由PVC管和混凝土隔离。

6.4.2　模型制作与养护

试件的制作参照《混凝土结构试验方法标准》GB 50152—2012[12]，如图6.3所示。每个温度制作6个100mm×100mm×100mm立方体试件（研究[13]表明，高温后100mm×100mm×100mm立方体试件和标准150mm×150mm×150mm立方体试件相对残余强度总体上较为接近，并不影响高温后对混凝土标准抗压强度的测定）和3根L1梁；制作粘结长度为$l_a=10d$的L2梁3根。额外再制作6个混凝土立方体试件，作为高温中立方体试块爆裂的备用。试件在专门制作的木模中成型，拆模后再自然养护28天，高温试验前，将试件取出放于干燥通风的环境自然干燥1个月，然后进行后续的试验。

图6.3　试件的成型

6.5　高温试验

6.5.1　升温设备

本试验采用DRX-36型混凝土高温试验升温设备，如第2章图2.5所示。设备的加热功率为36kW，额定温度1200℃，工作温度1000℃，炉膛有效尺寸为700mm×600mm×530mm（深×宽×高）。该设备经设定目标温度后自动控温，升温速率约为10～15℃/min。当炉膛温度接近设定温度值之前，该设备自动减缓升温速度，避免过热冲击。当炉膛温度达到设定温度后，根据本章参考文献［14］建议，恒温2～3h，目的使混凝土试件内外温度场分布尽量均匀（对于目标温度为200℃的试件，恒温3h；对目标温度为400℃、500℃和600℃的试件，恒温2h）。之后打开炉门，让试件随炉自然冷却至室温。

6.5.2 升温制度和试验现象

1. 常温下25℃：标准试块和梁式试件在28天后，表面呈青灰色。

2. 200℃：升温到200℃用时15min，平均升温速率13.3℃/min，恒温3h。高温试验中，试块和梁未发生爆裂，高温后试块呈现泥灰色，如图6.6所示。

3. 400℃：采用分级升温，从常温到100℃用时10min，升温到200℃10min，升温到300℃用时10min，升温到400℃用时12min，每级恒温20min，共用时100min，整个过程平均升温速率4.0℃/min。温度达到目标温度400℃时恒温2h。

高温试验中，当温度到达350℃左右，立方体试块爆裂2个（升温时共放入6个试块）。高温后试件表面呈灰褐色。爆裂的立方体试块，内部呈现灰白色，表面呈现些许褐色，骨料呈明显的黑色（不排除高温中PVC管产生的黑色烟气对试验现象的干扰），部分骨料发生断裂，如图6.4、图6.5和图6.7所示。

图6.4　400℃试件爆裂

图6.5　立方体试块爆裂情况

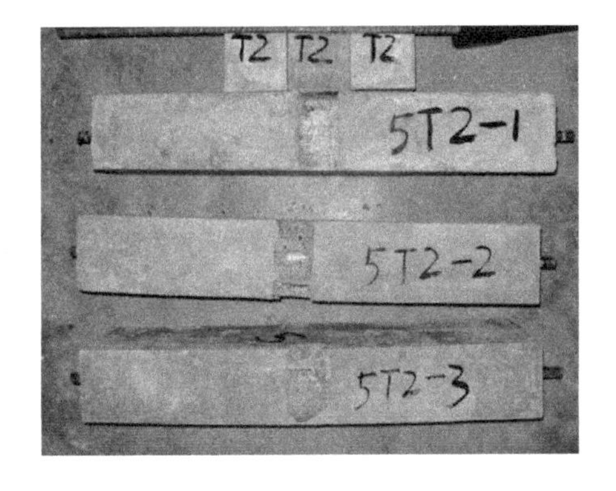

图6.6　200℃试件外观

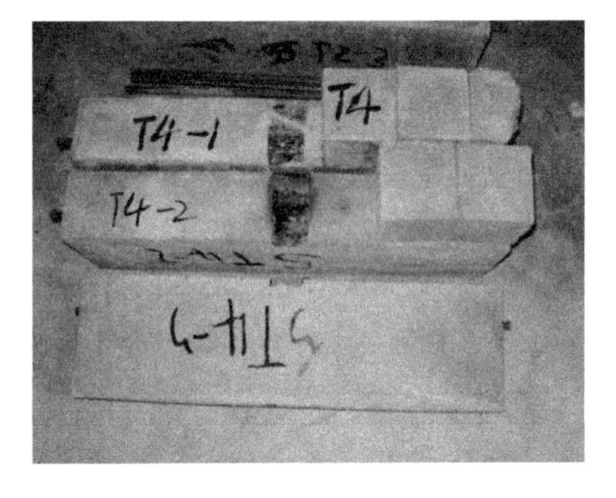

图6.7　400℃试件外观

4. 500℃：采用分级升温，从常温到100℃用时10min，升温到200℃用时10min，升温到300℃用时10min，升温到400℃用时12min，升温到500℃用时30min，每级恒温

20min，共用时 150min，整个过程平均升温速率 3.3℃/min。温度达到目标温度 500℃时，恒温 2h。

高温试验中，当温度到达 430℃左右时，立方体试块爆裂 1 个，当温度到达 470℃立方体试块爆裂 3 个，共爆裂 4 个（升温时共放入 6 个试块）。高温后梁和立方体试件表明大多呈灰白色，梁端部有轻微黑色，如图 6.8 所示。

5. 600℃：采用分级升温，从常温到 100℃用时 10min，升温到 200℃用时 10min，升温到 300℃用时 10min，升温到 400℃用时 12min，升温到 500℃用时 30min，升温到 600℃用时 30min，每级恒温 20min，共用时 200min，整个过程平均升温速率 3.0℃/min。温度达到目标温度 600℃时，恒温 2h。

高温试验中，当温度到达 450℃时，立方体试块爆裂 2 个（升温时共放入 6 个试块）。高温后立方体试件和梁呈灰白色，梁端部有轻微黑色，梁身均未发现明显裂缝，如图 6.9 所示。

图 6.8 500℃试件外观

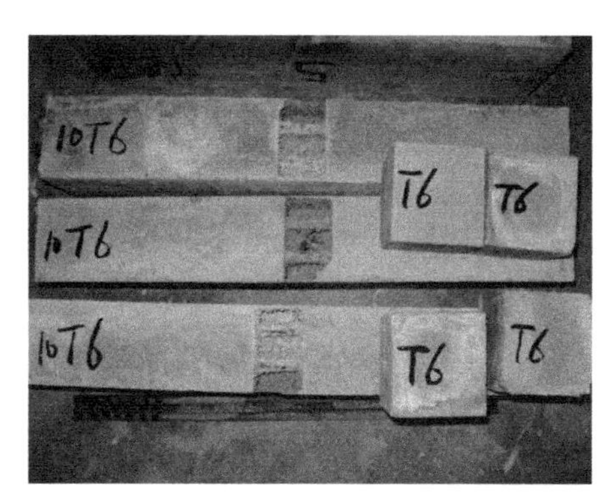

图 6.9 600℃试件外观

6.5.3 立方体试块爆裂分析

爆裂是指高性能混凝土表面达到一定温度时，在没有任何先兆的情况下表面混凝土突然剥落的现象。在高温试验过程中，发生了试件爆裂的现象。爆裂的机理至今尚未有统一定论。已有参考文献［15］表明，混凝土特别是高性能混凝土的高温爆裂通常发生于 300℃以上，其特征是伴随着爆裂，混凝土的表层形成深浅不一的凹坑，爆裂一般没有能被人察觉的先兆。高温爆裂难以预见，且高温下爆裂将导致结构完整性丧失，即包围钢筋的混凝土保护层脱离，钢筋将直接暴露在高温的环境中，使得混凝土结构在火灾中过早的被破坏。

1. 爆裂原因分析

目前关于混凝土的爆裂机理还未被完全揭示或达成统一意见，但是大多数学者[16]~[20]

认为，主要解释是蒸汽压理论和热应力理论。蒸汽压力理论指出，当混凝土受高温作用时，随着热量由混凝土表面往内部的传递，混凝土内的孔隙水开始逐渐蒸发，由此而在空隙内产生蒸汽压，导致孔压力增加。接近混凝土表面的蒸汽可以排到空气中，而混凝土内部的温度相对较低，所以这两个位置的蒸汽压都较小，蒸汽便沿着压力梯度往表面和深处迁移。往混凝土内部深处迁移的蒸汽遇到温度较冷的混凝土，凝结为水。随着这个过程的不断继续，在混凝土内部较冷区域形成一个完全饱和层，水蒸气将完全被阻止向混凝土内部迁移，只能通过干燥区逸出大气层。由于高性能混凝土的高密实度和低渗透率，在快速升温情况下，水蒸气不能及时逸出，从而在饱和层外侧产生较大的蒸汽压，当蒸汽压和温度差引发的热应力超过混凝土的抗拉强度时，就会发生爆裂，如图 6.10 所示。

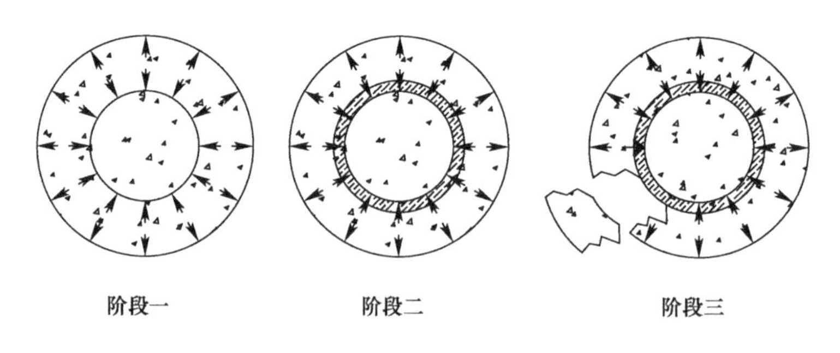

图 6.10　蒸汽压引发混凝土爆裂[11]

热应力理论认为，混凝土中的温度梯度会引起两向或三向的热应力，该热应力随温度的升高而增大，当该热应力超过混凝土的抗拉强度或热应力与孔压力引起的应力一起超过混凝土的抗拉强度时，便会发生混凝土的爆裂。因此，外形不同的试件，爆裂形式将不相同，如图 6.11 所示。

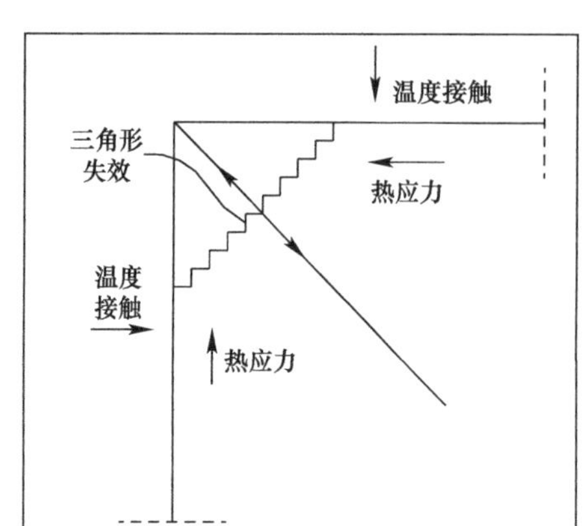

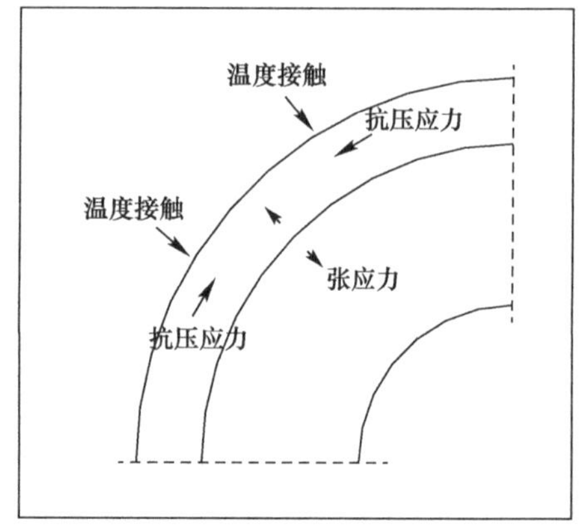

图 6.11　角部或圆形表面形成的热应力[11]

本章参考文献［11］研究认为，混凝土爆裂由蒸汽和液相引起的孔压和热应力的释放共同引起，孔压更多的是起到一种诱发的作用，而爆裂的主要原因是热应力储存能量的释放。爆裂的发生过程大致为：第一次爆裂由孔压和热应力共同引发，而之后连续的爆裂过程主要由热应力引起。试件在发生第一次爆裂前，因其受到的是一个逐渐升高的温度作用，这就给予了孔压形成的时间，加上温度应力积累，最终由二者一起引发爆裂。试件发生第一次爆裂时，环境温度已经较高（300℃以上）。第一次爆裂后，混凝土试件内部被突然暴露在高温的作用下。由于该部分的温度跟试件表面比是较低的。此时，突然被暴露在较高的温度下，会在试件中产生较大的温度梯度，从而产生很大的热应力，引发连续的爆裂过程，直到混凝土爆裂成碎块。

从试验过程中发现，爆裂的实际情况可能比较复杂，由于不能直接观察到高温时立方体试块是如何发生爆裂以及爆裂的过程。根据现有经验，混凝土的强度等级、配合比、含水率，高温过程中的升温速率、目标温度以及试件的几何形状和内部钢筋的分布，都对爆裂的发生有很大的影响。针对高性能混凝土，有学者[21]的研究发现，对于强度等级低于C60的混凝土，在一定的温度下，即使是饱和水试件也不会发生爆裂。而对于同等温度下的强度等级高于C60的混凝土，当其含水率高于临界值时就有可能发生爆裂，且含水率越高发生爆裂的几率就越大。因此，对于高性能混凝土含水率成为决定其发生爆裂的一个主要因素。

2. 试验中防止爆裂的措施

为了解决混凝土高温爆裂现象，关键是要产生空隙，在蒸气压达到临界值时，使其通过空隙部分释放。但是对于高性能混凝土，由于其水灰比较低、水泥基体密实，现阶段主要的方法是添加在混凝土硬化后能分解或者高温中能挥发的化学物质。从而在高性能混凝土内形成毛细孔，降低混凝土构件在火灾中发生爆裂反应的可能性，使高性能混凝土结构具有良好的抗火性能。本章参考文献［22］～［25］阐述的做法主要是在高性能混凝土中添加聚丙烯纤维或钢纤维。钢纤维具有较好的热传导性，其热传导系数为混凝土的20～30倍，钢纤维三维杂乱分布于混凝土中，可以使高温过程中混凝土内部的温度尽量的均匀一致，从而减少温度梯度产生的内部热应力。同时，钢纤维也能起到约束混凝土由于温度变化而产生的体积变化、热膨胀裂缝等，一定程度上减缓爆裂的发生。

在试验过程中观察到，立方体混凝土试块在目标温度为400℃、500℃和600℃时才发生爆裂，经历的温度为300℃以下，不会有爆裂的情况发生。试验中发生试块爆裂的温度点为350℃左右和450℃左右，其他温度区段未发生爆裂情况。然而，在各经历的温度，混凝土梁式试件均未发生爆裂情况，甚至高温后都未观察到明显的裂缝。在C80高性能混凝土的配合比设计中，尽量不使用硅灰，混凝土浇筑后，在高温试验前把试件放于干燥通风的环境自然干燥一个月，梁式试件内部的钢筋（纵筋和箍筋）起到了良好的约束内部混凝土和热传导的作用。以上都是试验中尽可能降低试件爆裂可能性的举措。

6.6 高温后混凝土抗压试验

6.6.1 抗压试验现象

高温后高性能混凝土立方体试块 100mm×100mm×100mm 抗压强度的试验在 NYL-3000 型液压万能试验机上完成。

常温下 25℃：裂缝在荷载较大时出现，且其发展的速度较快，破坏过程急促，有明显的斜裂缝，试块表面贯通开裂。

200℃：加载初始，立方体表面裂缝不是很明显，裂缝在荷载较大时出现，加载过程中裂缝发展的速度较快，破坏过程很快，破坏大致沿着纵向方向，有明显的斜裂缝。

400℃：加载初始，立方体表面裂缝不是很明显，之后，随着荷载的增加，裂缝出现明显，而且裂缝发展的速度较快，破坏过程急促，加载至峰值荷载不久试块就发生破坏，裂缝基本是沿着纵向方向，有明显的斜裂缝。

500℃：加载初期，立方体试块裂缝的发展和 400℃表现一致，裂缝产生后，大致沿着纵向发展，荷载到达峰值荷载时，试块发生破坏，但是破坏过程比较缓和，斜裂缝不明显。

600℃：加载初期，荷载较小时裂缝即开始沿立方体试块表面微裂缝发展，破坏时横向膨胀明显，无明显斜裂缝，加载的过程中局部剥落严重。

6.6.2 高温后混凝土抗压强度

高温后 C80 高性能混凝土的抗压强度见下表 6.4，残余强度和强度折减系数见图 6.12 和图 6.13。

高温后混凝土立方体抗压强度 表 6.4

温度	25℃	200℃	400℃	500℃	600℃
f_{cu}(MPa)	94.5	80.2	75.0	64.1	59.6
折减系数	1.00	0.85	0.79	0.68	0.63

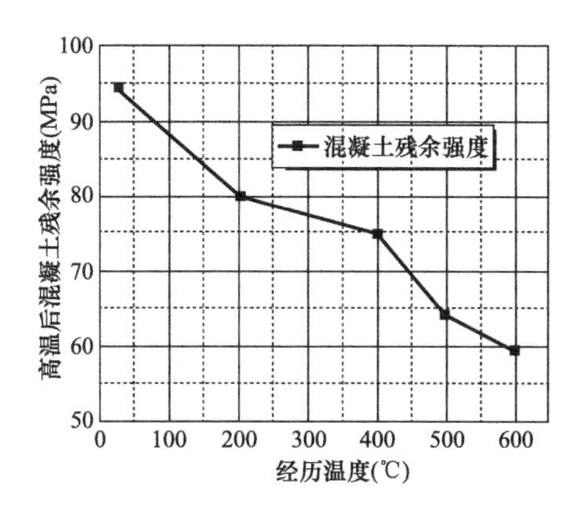

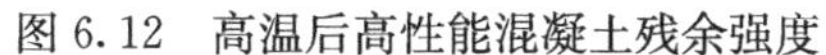
图 6.12　高温后高性能混凝土残余强度

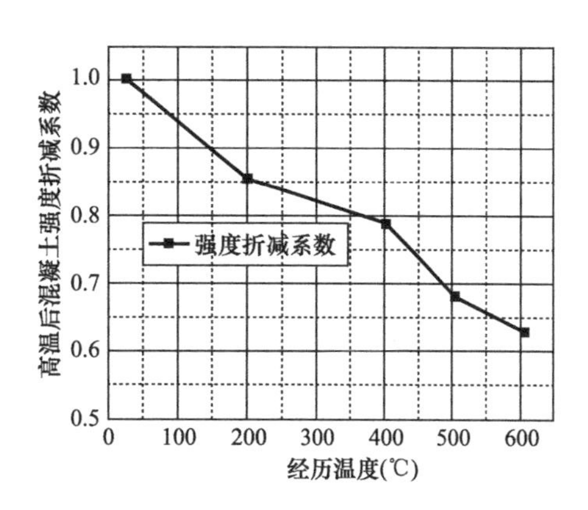

图 6.13　高温后高性能混凝土强度折减系数

6.7　高温后梁式粘结锚固试验

6.7.1　加载装置和测点布置

梁式加载试验在钢结构反力架上进行，加载的千斤顶最大量程为 50t。试验采用三分点加载，梁加载示意图见图 6.14。加载过程采用力控制，加载速度为 3～5kN/min。试验时主要量测的数据有：千斤顶荷载 P，下部纵筋加载端（左端 S1＋、右端 S2＋）自由端滑移（左端 S1，右端 S2），梁支座和跨中位移值（分别为 11、12 和 13）以及下部纵筋中部的应变 ε，具体测点布置见图 6.15。

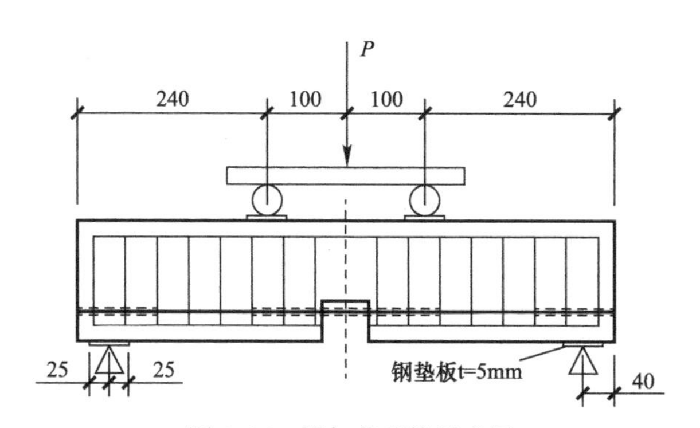

图 6.14　梁加载系统示意图

6.7.2　试验现象

经历不同温度（常温 25℃到 600℃）的梁式试件，在加载的过程中，均是从梁的支座处或者是梁中部缺口处开始产生裂缝，裂缝的产生基本上关于梁的中轴线（横向）对称。随着荷载的增加，梁的挠度增大，最后受压区混凝土压碎，梁破坏。

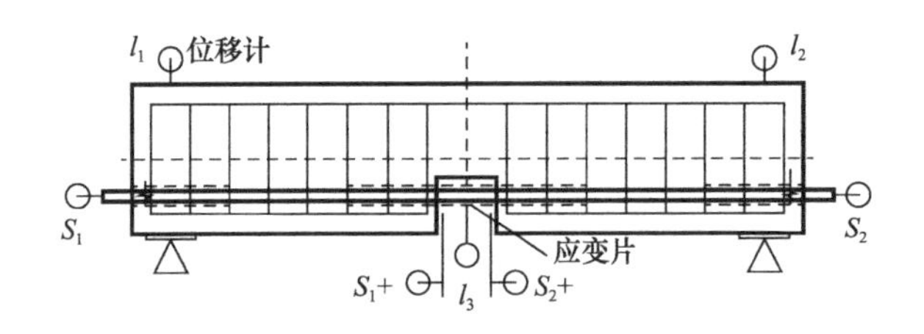

图 6.15　梁的测点布置

常温下（25℃），随着竖向荷载的增加，梁跨中缺口处出现竖向裂缝，裂缝不断的扩大，梁的变形随之增加，中性轴上移，最后受压处混凝土破坏。整个加载的过程，梁的支座处可以观察到数条微小的斜裂缝，梁其他部位无肉眼可见裂缝出现，自由端滑移量很小，梁的锚固性能良好，破坏形式与适筋梁相似，见图 6.16。

温度经历为 200℃的梁式试件，其破坏过程和常温下梁的破坏过程几乎一致，破坏时的峰值荷载也和常温下梁式试件相差无几。裂缝的出现部位和发展趋势也和 25℃下梁的情况没有太大的变化，如图 6.17 所示。

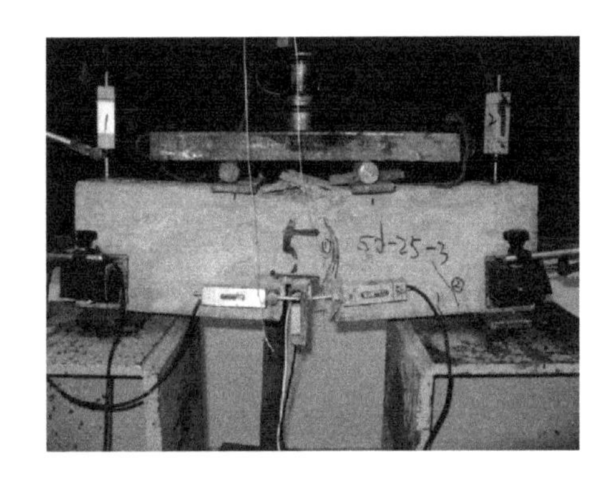

图 6.16　经历 25℃梁破坏及裂缝发展

图 6.17　经历 200℃梁破坏及裂缝发展

温度经历为 400℃的梁式试件的破坏过程和常温下 25℃、经历 200℃高温的梁的破坏过程几乎一致，也是梁中部先出现竖向裂缝，破坏时的峰值荷载和前面两个经历温度下梁的峰值荷载也没有太大的减小。唯一不同的是，不仅在梁跨中缺口处、梁端的支座处发现裂缝，而且在跨中到支座的这段区域也出现了微小的竖向裂缝，但是此类裂缝的发展均未到达梁腹，初步分析此类裂缝的形成与钢筋的销栓作用有关，体现了与拔出试验的不同；自由端滑移量明显，锚固性能开始退化，如图 6.18 所示。

温度经历为 500℃的梁式试件，梁跨中缺口最先出现竖向裂缝，然后是梁支座处出现斜裂缝。随着荷载的增大，竖向裂缝发展迅速。梁的刚度比前面几个温度工况有明显降低。梁破坏时无明显征兆，峰值荷载也较经历 400℃高温的梁峰值荷载小了许多，自由端滑移量较大，结合破坏特征可知梁的锚固已经失效，如图 6.19 所示。

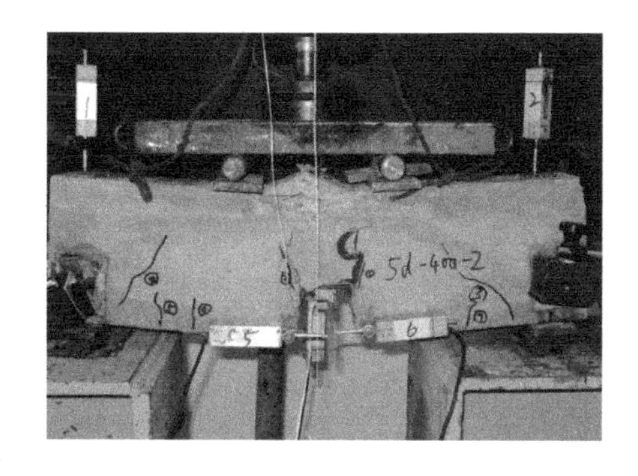

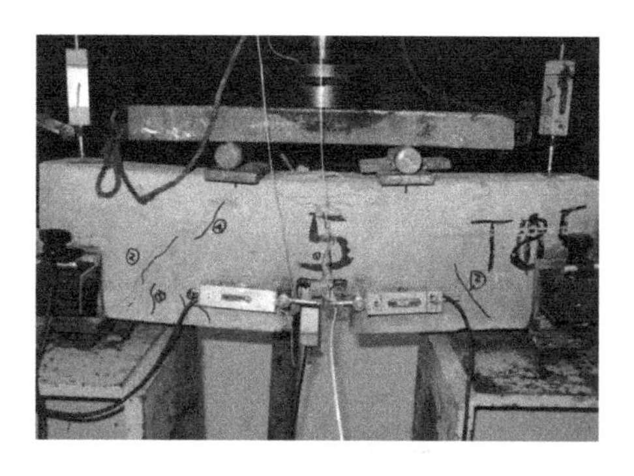

图 6.18　经历 400℃梁破坏及裂缝发展　　　图 6.19　经历 500℃梁破坏及裂缝发展

经历温度为 600℃的梁式试件有两种：A 粘结长度为 5d、B 粘结长度为 10d。两种梁初始裂缝出现部位与发展情况与 500℃梁的情况类似。破坏时 A 梁的挠度明显比 B 大，可以明显观察到 A 梁端部钢筋的滑移值，锚固失效严重，如图 6.21 所示。破坏形式分别见图 6.20 和图 6.22。

图 6.20　经历 600℃5d 梁破坏及裂缝发展　　　图 6.21　经历 600℃5d 梁端部钢筋滑移

图 6.22　经历 600℃10d 梁破坏及裂缝发展

6.7.3　高温后细晶粒钢筋与梁的粘结—滑移性能

1. 加载速率对试验结果的影响

由于试验中存在荷载作用与变形发展的时间效应问题，因此在静载试验时，为了使变形得到充分发挥并达到基本稳定，要求每级荷载加完后应有一定的持续时间，钢结构一般不少于5min，钢筋混凝土和木结构应不少于15min。本试验类同于混凝土简支梁加载试验，加载过程是一个连续的过程。

根据Robert J. Hansen[27]的试验，带肋钢筋在动荷载作用下的粘结强度较静载下有明显的提高，增加的幅度约为静载作用时的33%。清华大学研究[28]认为，通常情况下钢筋与混凝土的粘结强度在快速加载下提高的幅度，大于钢筋屈服强度随加载速率提高的幅度。本章参考文献［29］给出了钢筋锈蚀率为2%时不同加载速度下的试验结果，当加载速度从10kN/min提高到30000kN/min时，峰值荷载提高了11.7%，峰值滑移降低了9.6%，相对于加载速度3000倍的变化幅度，峰值荷载和峰值滑移的变化幅度相对较小。本章参考文献［26］中拔出试验的加载速度为4kN/min，认为加载速度对试验结果的影响较小。

综上，由于本试验为简支梁的三分点加载，加载速度为3～5kN/min，实际作用在梁受拉钢筋上的力小于此值，可以认为加载速率不会对试验的结果造成太大的影响。

2. 高温后各梁的粘结—滑移关系曲线

根据试验得到以下数据：千斤顶荷载 P，下部纵筋加载端（左端S1＋、右端S2＋）自由端滑移（左端S1，右端S2），梁两端部和中部位移值（分别为11、12和13）以及下部纵筋中部的应变 ε，按照下面的计算公式进行计算，便可以得到高温后细晶粒钢筋和高性能混凝土的粘结—滑移曲线。

平均粘结应力：

$$\bar{\tau} = \frac{F}{\pi d l_a} \tag{6.1}$$

$$F = E_s^T \varepsilon \pi d^2 / 4 \tag{6.2}$$

公式中，F 为纵筋所受的拉力，E_s^T 为高温 T 后钢筋的弹性模量，取 $E_s^T = E_s = 2.06 \times 10^5$ MPa。d 为细晶粒钢筋的直径，$d = 12$mm。l_a 为钢筋的粘结长度，取 $l_a = 5d = 60$mm或者 $10d = 120$mm。

高温后梁式粘结—滑移曲线见图6.23～图6.27。

主要试验结果见表6.5。

3. 粘结—滑移曲线初步分析

图6.28和图6.29分别为高温后自由端和加载端粘结—滑移关系曲线的均值。通过对比分析得到如下结论：

（1）常温下，细晶粒钢筋与高性能混凝土具有良好的粘结锚固性能；

（2）随温度的增加，粘结性能将逐渐退化；400℃温度经历前，高温作用对粘结性能的影响较小，之后粘结性能迅速降低；

（3）自由端发生滑移的时间滞后于加载端，体现了粘结应力在传递长度上的不均匀分布；

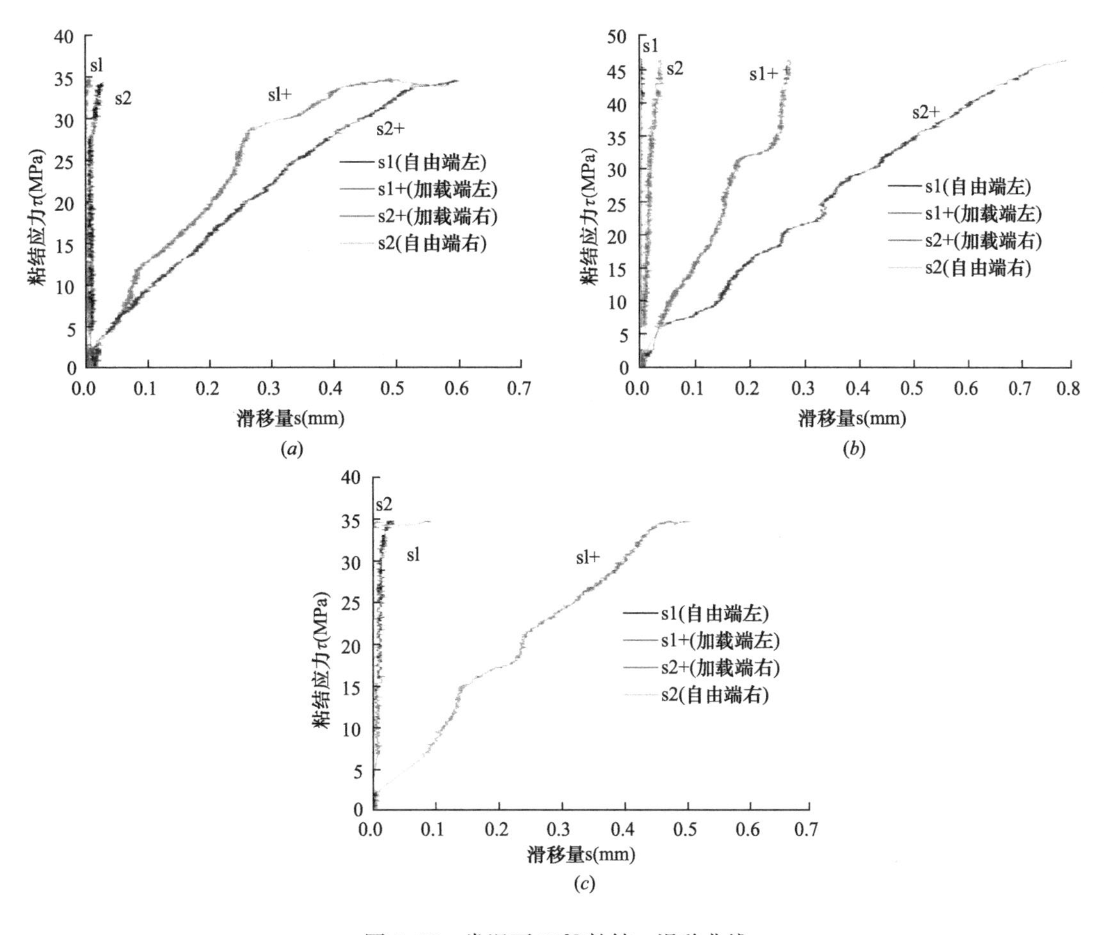

图 6.23　常温下 25℃粘结—滑移曲线

(a) 5d-25-1；(b) 5d-25-2；(c) 5d-25-3

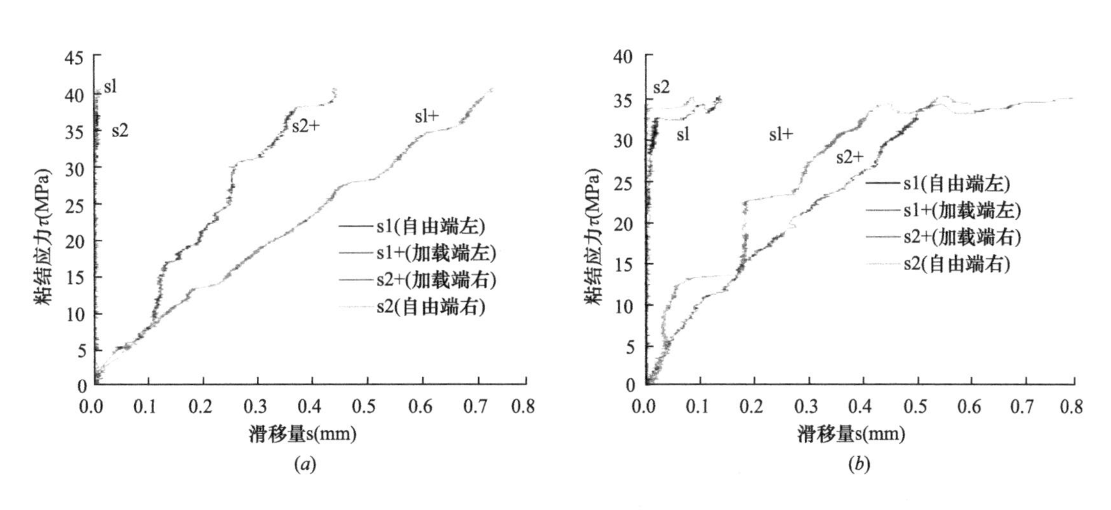

图 6.24　200℃粘结—滑移曲线（一）

(a) 5d-200-1；(b) 5d-200-2

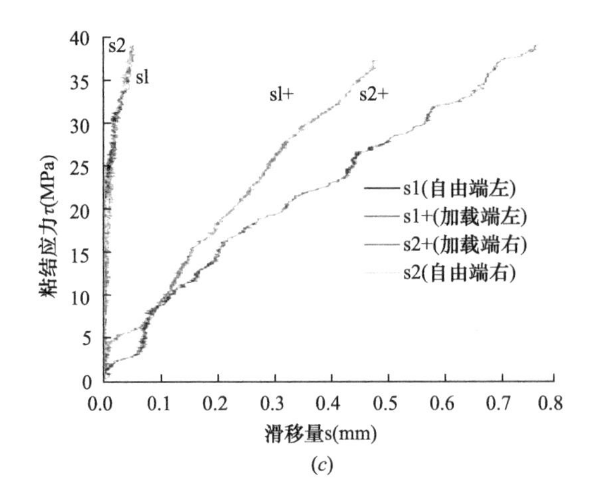

图 6.24 200℃粘结—滑移曲线（二）

（c）5d-200-3

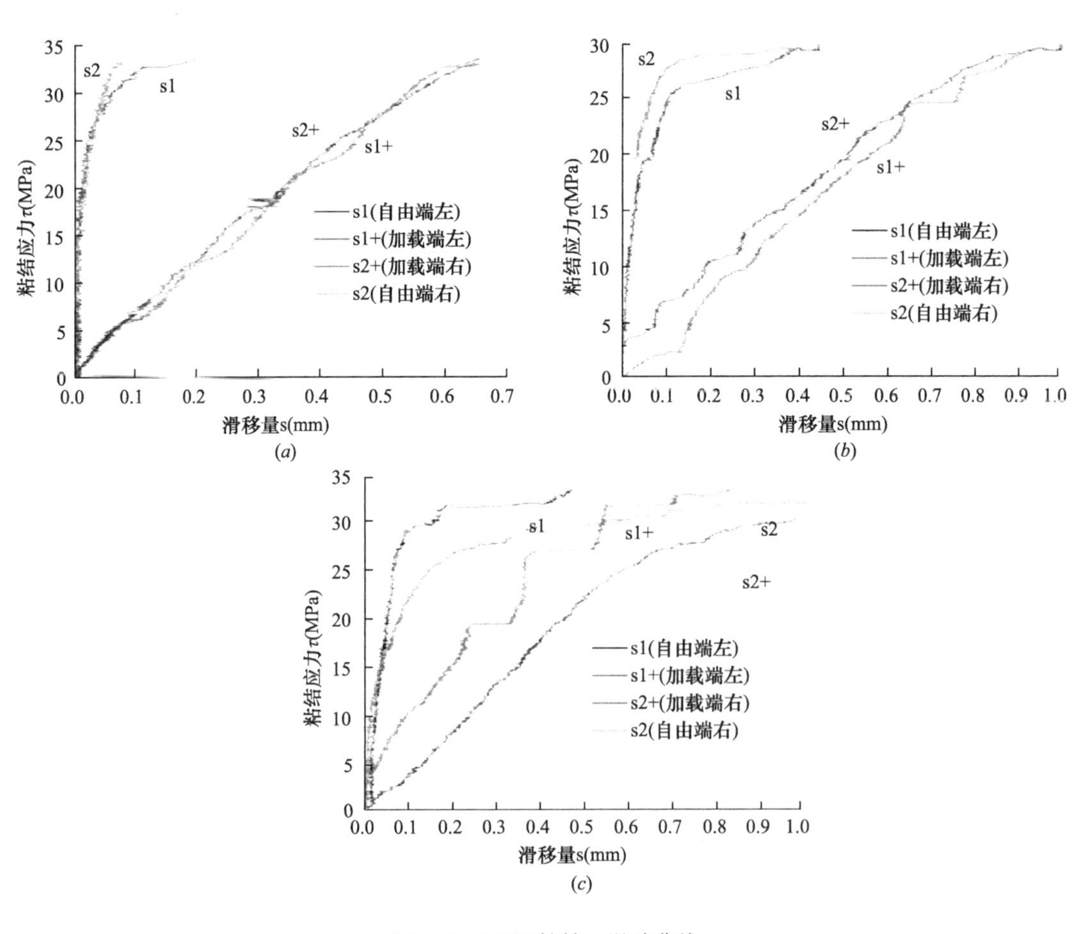

图 6.25 400℃粘结—滑移曲线

（a）5d-400-1；（b）5d-400-2；（c）5d-400-3

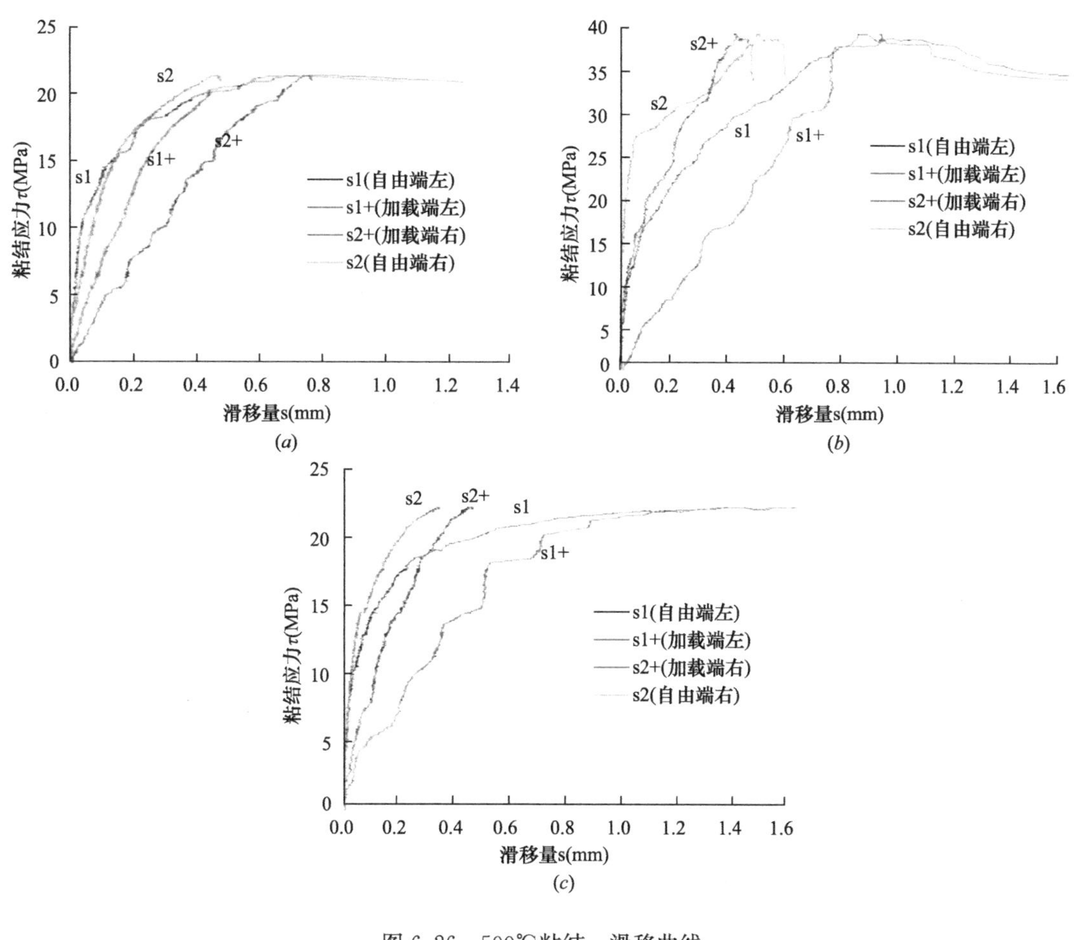

图 6.26 500℃粘结—滑移曲线

(a) 5d-500-1; (b) 5d-500-2; (c) 5d-500-3

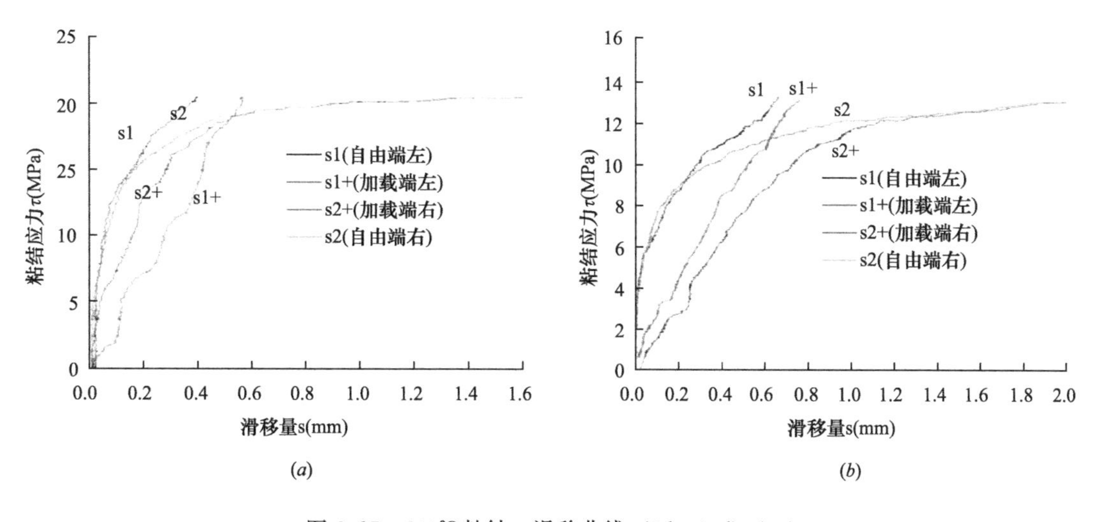

图 6.27 600℃粘结—滑移曲线(5d, 10d)(一)

(a) 5d-600-1; (b) 10d-600-1

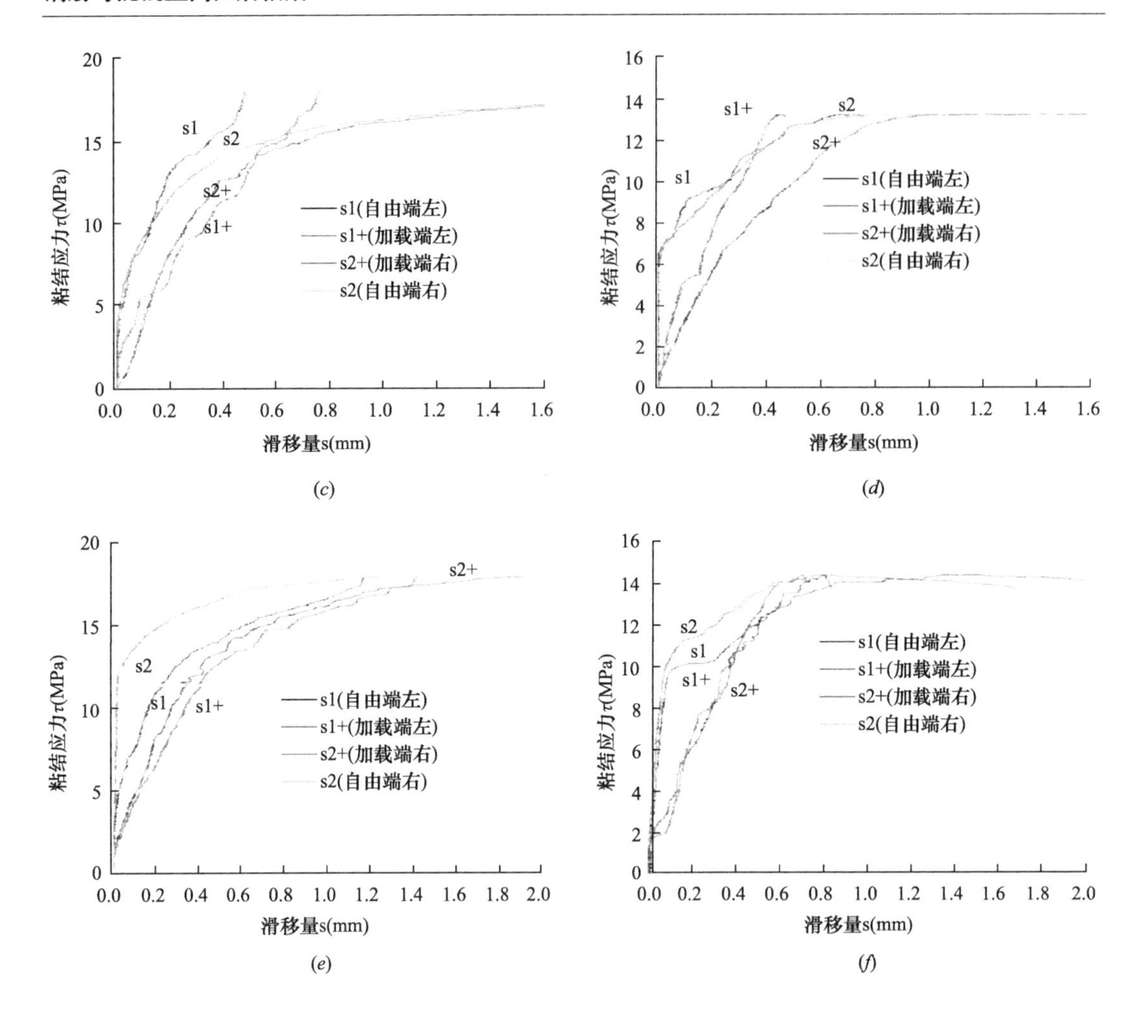

图 6.27 600℃粘结 滑移曲线（5d，10d）（二）

（c）5d-600-2；（d）10d-600-2（e）5d-600-3；（f）10d-600-3

高温后梁式试件加载主要试验结果 **表 6.5**

梁	编号	粘结强度 (MPa)	峰值滑移（mm） 自由端 S1	自由端 S2	加载端 S1+	加载端 S2+	挠度 (mm)	峰值荷载 (kN)
5d-25	1	34.69	0	0.004	0.491	0.596	1.718	93.17
	2	46.35	0.004	0.036	0.269	0.784	1.142	82.20
	3	34.54	0.035	0.087	0.471	0.087	1.647	88.60
	平均	38.53					1.502	87.99
5d-200	1	34.26	0.012	0.004	0.609	0.347	1.328	79.37
	2	31.72	0.024	0.004	0.396	0.489	2.060	1.97
	3	35.54	0.047	0.044	0.467	0.674	1.423	87.73
	平均	33.84					1.604	86.36

续表

梁	编号	粘结强度（MPa）	峰值滑移（mm） 自由端 S1	自由端 S2	加载端 S1+	加载端 S2+	挠度（mm）	峰值荷载（kN）
5d-400	1	32.66	0.126	0.071	0.610	0.634	1.523	83.91
	2	29.62	0.110	0.112	0.759	0.796	2.547	86.18
	3	29.45	0.126	0.337	0.534	0.780	2.881	85.33
	平均	30.58					2.317	85.14
5d-500	1	20.85	0.385	0.400	0.485	0.702	2.838	61.52
	2	29.77	0.413	0.111	0.641	0.217	2.655	83.28
	3	22.05	0.224	0.337	0.511	0.457	2.203	56.01
	平均	24.22					2.899	66.94
5d-600	1	20.48	0.393	0.408	0.562	0.525	2.719	50.94
	2	18.06	0.346	0.551	0.610	0.696	5.222	44.95
	3	17.92	0.417	0.384	0.664	0.943	4.141	50.34
	平均	18.82					4.027	48.74
10d-600	1	13.31	0.614	0.372	0.696	0.733	4.089	68.71
	2	13.23	0.515	0.542	0.411	0.772	3.884	72.23
	3	14.45	0.311	0.159	0.400	0.485	3.449	82.79
	平均	13.66					4.807	73.58

（4）结合图6.25～图6.27和基础参数试验中温度对化学胶着力的影响可知，400℃温度经历前粘结刚度的降低原因是化学胶着力和材性退化的结果，而400℃温度经历后粘结刚度的降低主要是混凝土材性退化所致。

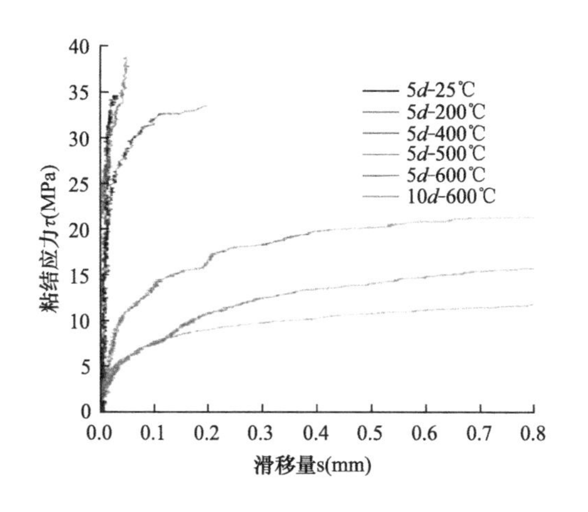

图6.28　高温后自由端粘结—滑移曲线

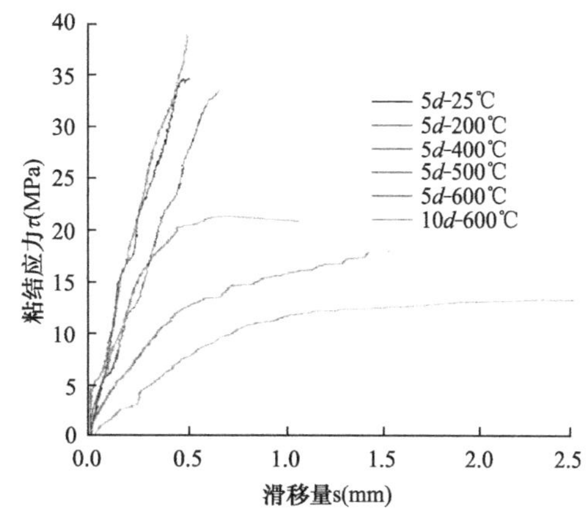

图6.29　高温后加载端粘结—滑移曲线

图6.30是自由端与加载端粘结—滑移曲线的均值，图6.31是作者所在研究小组针对细晶粒钢筋和高性能混凝土所做的高温后拔出试验结果（高性能混凝土设计强度C100，钢筋直径d=16mm，粘结长度5d）。通过对比发现，虽然拔出试验中高性能混凝土设计强

度大于梁式试验，但在相同温度经历和粘结长度的条件下，梁式粘结试验测得的粘结强度均大于拔出试验，其原因可能包括：

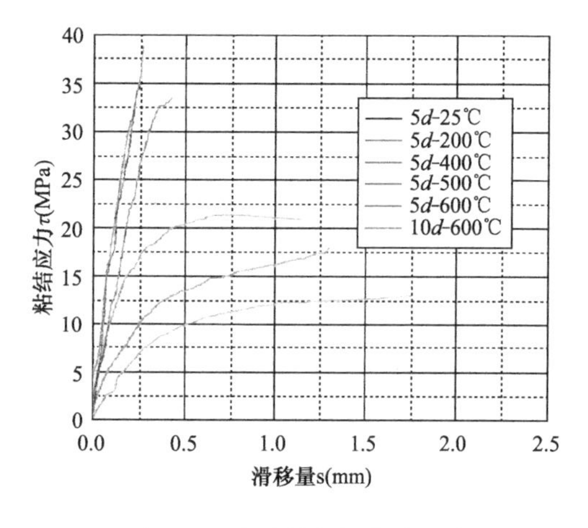

图 6.30 自由端与加载端均值

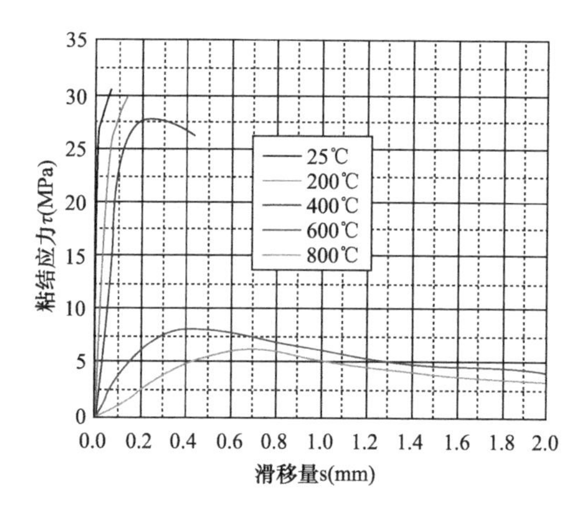

图 6.31 拔出试件自由端粘结—滑移曲线[26]

(1) 梁式粘结试验的钢筋直径小于拔出试验（梁式粘结试验 12mm，拔出试验 16mm），而钢筋肋的相对面积随直径的增大而减小；

(2) 梁式粘结试验设置了 HPBϕ4@40 箍筋，粘结破坏的形式全部为刮出式破坏，而拔出试验以劈裂破坏为主；此外，箍筋和架立钢筋在整个高温过程中起到良好的热传导作用，使得混凝土内部的温度场分布均匀，对高性能混凝土高温下爆裂有一定缓解作用；

(3) 梁式粘结试验中采用了抗爆裂高性能混凝土配合比设计，高温试验后梁表面完整，而拔出试件高温经历后爆裂现象严重。

应当指出，梁式粘结试验得到的粘结—滑移关系曲线均未出现明显的下降段；经过作者的分析，文中梁式粘结试验中应变片测得的应变由两部分组成：①钢筋的拉力，②加载后期由于钢筋弯曲导致的次应变。由梁的最终破坏形式可知加载后期此应变的影响已不可忽略，如图 6.22。

4. 高温后高强混凝土抗压强度和粘结强度的关系

将高温后混凝土的抗压强度和粘结强度同时示于图 6.32 中，从图中可以发现，高温后混凝土抗压强度和粘结强度随温度的变化趋势相似。

为了进一步分析高温后高性能混凝土抗压强度 f_{cu} 与粘结强度 τ_u 之间的关系，分别将高温后 $\tau_u/(f_{cu})^{1/2}$，$\tau_u/(f_{cu})^{1/3}$，$\tau_u/(f_{cu})^{1/4}$ 随温度的变化绘于图 6.34～图 6.35 中。分析表明，高温后高性能混凝土抗压强度与粘结强度之间不再呈常温下简单的线性关系，而是以 400℃为界发生了明显的变化。这说明当经历的温度超过 400℃后，高温对高性能混凝土粘结强度的影响明显大于对其抗压强度的影响，同等条件下粘结强度损失大于抗压强度损失，与本章参考文献［26］结论一致。

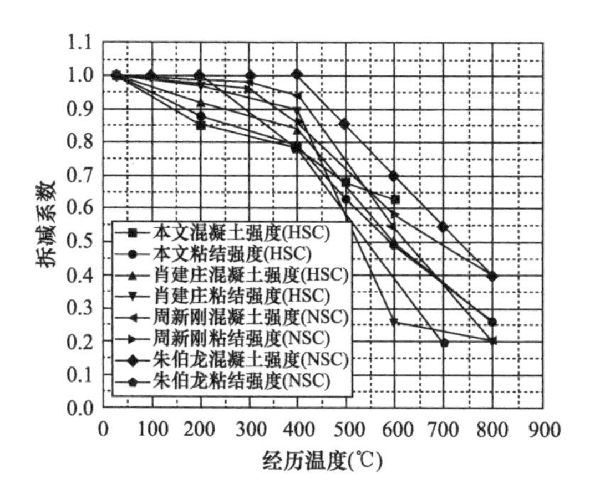

图 6.32　粘结强度和混凝土强度对比

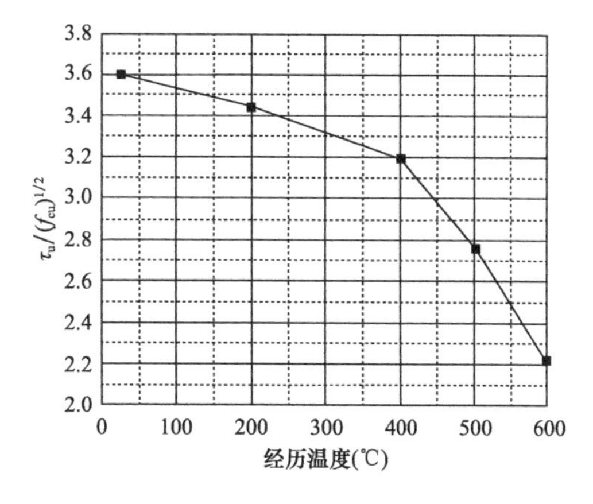

图 6.33　$\tau_u/(f_{cu})^{1/2}$随温度的变化规律

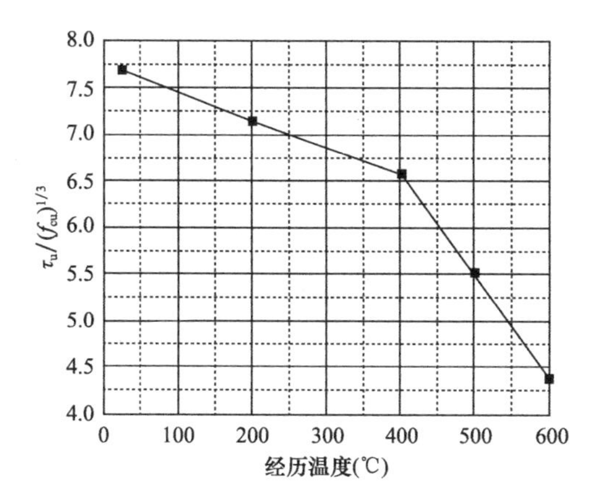

图 6.34　$\tau_u/(f_{cu})^{1/3}$随温度的变化规律

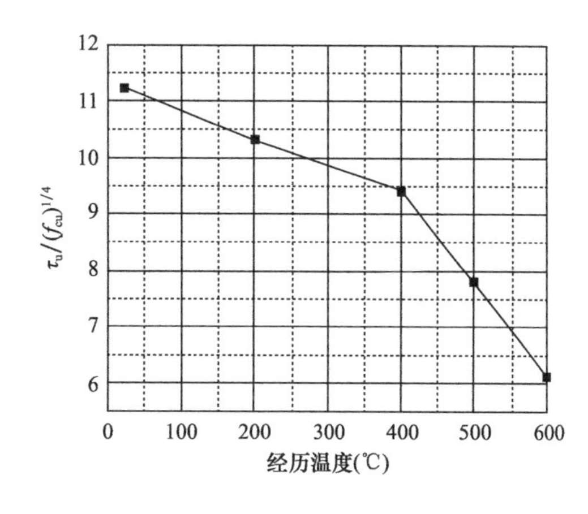

图 6.35　$\tau_u/(f_{cu})^{1/4}$随温度的变化规律

5. 峰值滑移

图 6.36 为峰值滑移随温度升高的变化曲线，随着经历温度的升高，梁式试件的钢筋的滑移值越来越大，且经历温度越高，峰值滑移越大，峰值滑移的增长速率大于温度梯度的增长速率。加载端滑移一直大于自由端滑移，但是随温度经历的增长，二者之间的差别有所减小。

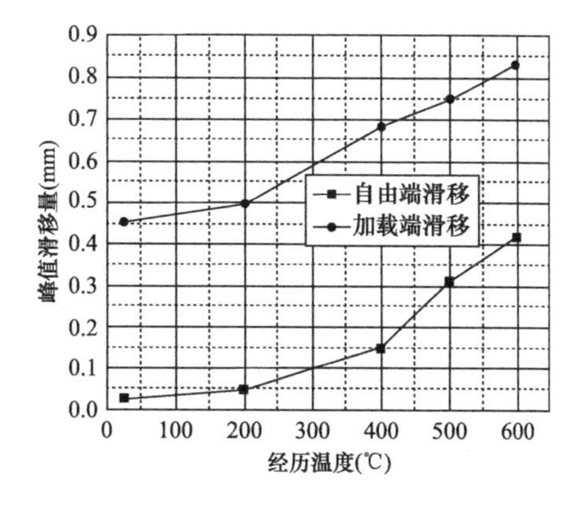

图 6.36　峰值滑移随温度升高的变化

25℃和 200℃温度经历的试件中，自由端钢筋滑移量小于 0.05mm，几乎没有滑移。此时，其加载端的峰值滑移值均小于 0.5mm，梁的破坏形式主要是钢筋屈服后受压区混凝土压碎，具有适筋梁的破坏特征；说明纵向细晶粒钢筋与混凝土之间的锚固性能良好。

400℃温度经历的试件中，自由端和加载端滑移量显著增长，纵向细晶粒钢筋与混凝土之间的锚固作用退化明显，结合图 6.29 可知基本未发生锚固破坏。

500℃温度经历的试件中，加载端滑移量超过 0.7mm，结合粘结—滑移关系曲线可知，已经发生了锚固破坏；但由于梁制作的偏差锚固破坏只发生在半梁内，梁的承载力由粘结锚固性能决定。

600℃温度经历的试件中，自由端和加载端滑移量持续增长，纵向细晶粒钢筋与混凝土之间的锚固作用进一步恶化，直接影响梁的抗弯刚度和承载力。

6.8 粘结锚固对梁承载力的影响

图 6.37 为不同温度经历模型梁荷载—挠度曲线的均值。由图可见，温度经历对梁的承载能力影响显著。

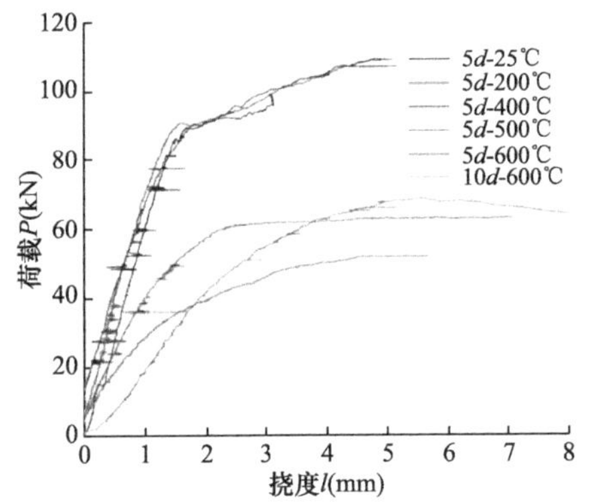

图 6.37 高温后梁荷载—挠度曲线

结合各温度经历粘结—滑移关系曲线可得到下列结论：

(1) 梁的承载力随温度经历的提高而降低；以 400℃为分水岭，之前影响较小，荷载—挠度曲线几乎重合，之后承载力迅速降低；

(2) 温度经历小于 400℃时，纵向受拉细晶粒钢筋与混凝土之间具有良好的粘结锚固作用，钢筋可以充分发挥其抗拉强度；梁的荷载—挠度曲线中钢筋屈服点明确，具有适筋梁的破坏特征；

(3) 温度经历大于 400℃时，纵向受拉细晶粒钢筋与混凝土之间的粘结锚固作用开始破坏，钢筋的抗拉强度不能充分发挥作用；梁的荷载—挠度曲线中钢筋屈服点不明确；

(4) 纵向受拉细晶粒钢筋与混凝土之间的粘结锚固作用失效后，通过增加粘结长度改善锚固作用可提高梁的承载力，600℃温度经历粘结长度 $10d$ 的梁比 $5d$ 的梁承载力提高 52.49%。

6.9 高性能混凝土与细晶粒钢筋粘结—锚固的数值模拟

6.9.1 材料模型

1. 高温后混凝土材料模型

混凝土本构模型按照第 5 章式（5.1）和表 5.4 根据多线性等向强化模型（MISO）输

入，破坏准则采用ANSYS程序中CONCRETE材料默认的William-Warnke五参数破坏准则，不同之处在于本章中高性能混凝土常温下强度设计值为C80。

2. 钢筋材料模型

根据第3章中细晶粒钢筋的高温后拉拔试验可知，高温后弹模与常温下几乎相同。钢筋采用双线性等向强化模型（MISO），钢筋的材料性质见第五章表5.3，钢材泊松比取0.3。

6.9.2　单元类型及功能说明

在ANSYS中，SOLID65单元是专门为模拟混凝土、岩石等抗压能力远大于抗拉能力的非等强材料而开发的单元，其总刚度矩阵为：

$$[D]=\left\{1-\sum_{I=1}^{N_r}V_i^R\right\}[D^c]+\sum_{I=1}^{N_r}V_i^R[D^r]_i \tag{6.3}$$

式中 N_r 表示加固材料的种类数（最多三种）；V_i^R 表示加固材料的体积率，即混凝土的配筋率；$[D^c]$ 表示混凝土的刚度矩阵，通过在各向同性材料中插入各向异性应力应变关系得到，可以表示为：

$$[D^c]=\frac{E}{(1+\nu)(1-2\nu)}\begin{bmatrix}(1-\nu) & \nu & \nu & 0 & 0 & 0\\ \nu & (1-\nu) & \nu & 0 & 0 & 0\\ \nu & \nu & (1-\nu) & 0 & 0 & 0\\ 0 & 0 & 0 & \dfrac{(1-2\nu)}{2} & 0 & 0\\ 0 & 0 & 0 & 0 & \dfrac{(1-2\nu)}{2} & 0\\ 0 & 0 & 0 & 0 & 0 & \dfrac{(1-2\nu)}{2}\end{bmatrix} \tag{6.4}$$

$[D^r]_i$ 表示第 i 个加固材料（钢筋）的刚度矩阵，在单元局部坐标系下，钢筋的应力应变可以表示如下：

$$\begin{Bmatrix}\sigma_{xx}^r\\ \sigma_{yy}^r\\ \sigma_{zz}^r\\ \sigma_{xy}^r\\ \sigma_{yz}^r\\ \sigma_{xz}^r\end{Bmatrix}=\begin{bmatrix}E_i^r & 0 & 0 & 0 & 0 & 0\\ 0 & 0 & 0 & 0 & 0 & 0\\ 0 & 0 & 0 & 0 & 0 & 0\\ 0 & 0 & 0 & 0 & 0 & 0\\ 0 & 0 & 0 & 0 & 0 & 0\\ 0 & 0 & 0 & 0 & 0 & 0\end{bmatrix}\begin{Bmatrix}\varepsilon_{xx}^r\\ \varepsilon_{yy}^r\\ \varepsilon_{zz}^r\\ \varepsilon_{xy}^r\\ \varepsilon_{yz}^r\\ \varepsilon_{xz}^r\end{Bmatrix}=[D^r]_i\begin{Bmatrix}\varepsilon_{xx}^r\\ \varepsilon_{yy}^r\\ \varepsilon_{zz}^r\\ \varepsilon_{xy}^r\\ \varepsilon_{yz}^r\\ \varepsilon_{xz}^r\end{Bmatrix} \tag{6.5}$$

为保证计算收敛，计算中关闭［Options］中的［extra displacement］选项，关闭压碎开关。《ANSYS 基本过程手册》[30]对 SOLID65 单元有详细的说明，采用非线性本构和断裂模型来模拟混凝土，引入垂直于裂缝表面方向上的一个缺陷平面来表示在某个积分点上出现了裂缝。当裂缝张开时，后继荷载产生了在裂缝表面的滑动或剪切。此时，通过引入剪切力传递系数 β_t 来模拟剪切力的损失。开裂后材料的应力应变关系可表示为：

$$[D_c^{ck}] = \frac{E}{(1+\nu)}\begin{bmatrix} \frac{R^t(1+\nu)}{E} & 0 & 0 & 0 & 0 & 0 \\ 0 & \frac{1}{1-\nu} & \frac{1}{1-\nu} & 0 & 0 & 0 \\ 0 & \frac{1}{1-\nu} & \frac{1}{1-\nu} & 0 & 0 & 0 \\ 0 & 0 & 0 & \frac{\beta_t}{2} & 0 & 0 \\ 0 & 0 & 0 & 0 & \frac{1}{2} & 0 \\ 0 & 0 & 0 & 0 & 0 & \frac{\beta_t}{2} \end{bmatrix} \tag{6.6}$$

如果裂缝是闭合的，则所有垂直于裂缝表面的压应力都能传递到裂缝上，但是剪切力只传递原来的 β_c 倍，裂缝闭合的刚度矩阵可以描述为：

$$[D_c^{ck}] = \frac{E}{(1+\nu)(1-2\nu)}\begin{bmatrix} 1-\nu & \nu & \nu & 0 & 0 & 0 \\ \nu & 1-\nu & \nu & 0 & 0 & 0 \\ \nu & \nu & 1-\nu & 0 & 0 & 0 \\ 0 & 0 & 0 & \beta_c\frac{(1-2\nu)}{2} & 0 & 0 \\ 0 & 0 & 0 & 0 & \frac{1-2\nu}{2} & 0 \\ 0 & 0 & 0 & 0 & 0 & \beta_c\frac{(1-2\nu)}{2} \end{bmatrix} \tag{6.7}$$

因此，SOLID65 单元必须给定裂缝传递系数，根据江见鲸《钢筋混凝土有限元分析》[31]，张开裂缝的剪切传递系数为：一般梁取 0.5，深梁取 0.25，剪力墙取 0.125。支座和加载处的垫板采用 SOLID45 单元模拟。本章参考文献[32]~[33]提出了用单轴塑性管单元 PIPE20 模拟钢筋的方法；原因是此单元不但可以承受拉、压，而且能够同时承受弯曲和扭转荷载，可以考虑钢筋的销栓作用。但是，ANSYS7.0 之后的版本对 PIPE20 单元进行了修正，规定其直径与管壁厚之比不能小于 10，很难按等强度、等刚度原则模拟钢筋，放弃此方法采用拉压杆单元 LINK8 模拟纵筋和箍筋。为考虑混凝土与钢筋之间的粘结滑移行为，在钢筋与混凝土界面上设置非线性弹簧单元 COMBIN39，单元之间的链接如

图 6.38 所示。弹簧单元的节点 I、J 可以为空间任意节点，长度可以为 0，因此可以通过控制网格划分使钢筋和混凝土在相同的坐标位置形成节点，从而可以在钢筋节点和混凝土节点之间建立长度为 0 的弹簧单元[34]。在刚度传递的迭代过程中，弹簧单元将用前一步的迭代结果来确定粘结—滑移关系曲线中被激活的部分，弹簧单元刚度矩阵为：

$$[K_e]=[K^{tg}]\begin{bmatrix}1 & -1\\ -1 & 1\end{bmatrix} \tag{6.8}$$

上式中 K^{tg} 为迭代过程中前一步计算出的被激活区段的斜率。

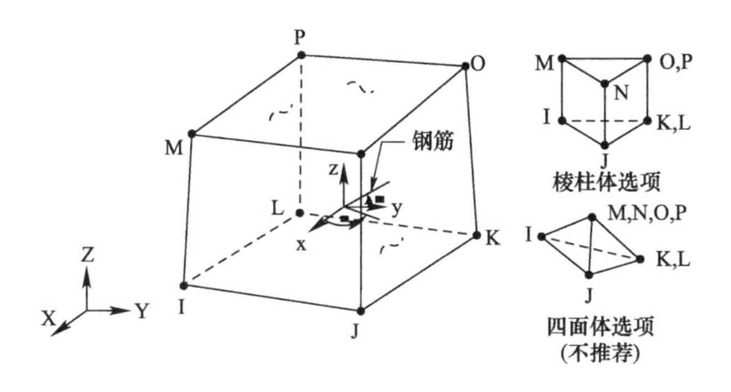

图 6.38　SOLID65 单元

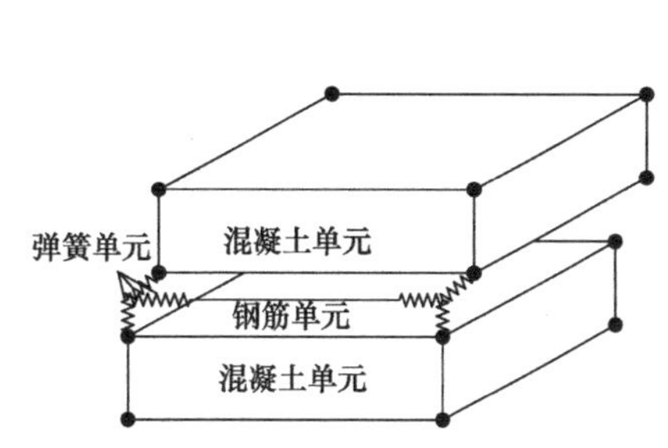

图 6.39　混凝土、钢筋和弹簧单元的组合

6.9.3　粘结滑移数值模拟技术的实现

1. 粘结—滑移本构关系与 COMBIN39 单元 F-D 曲线转换技术

为考虑钢筋与混凝土之间的粘结—滑移行为，必须建立粘结—滑移本构与弹簧单元 F-D 曲线之间的转化关系。采用书中第 4 章提出的计算常温和高温后粘结—滑移关系曲线的方法，结合本章中高性能混凝土强度等试验数据和第 4 章相关计算公式可得到不同温度经历的计算参数（表 6.6）和粘结—滑移关系曲线（图 6.40）。

高温后关键参数　　**表 6.6**

温度（℃）	高温后弹模（N/mm）	高温后抗拉强度（MPa）	开裂特征滑移（mm）	开裂粘结应力（MPa）
20	38953	4.868	0.015879113	2.5941633
500	20645.1	2.434	0.014980288	1.29708165
600	16983.5	1.947	0.014566504	1.03755874

在钢筋和混凝土的纵切向，相互作用表现为粘结—滑移性能，因此 F-D 曲线由粘结滑移本构关系确定，转换表达式为：

$$F_i=\tau(D_i)\times\pi dl \tag{6.9}$$

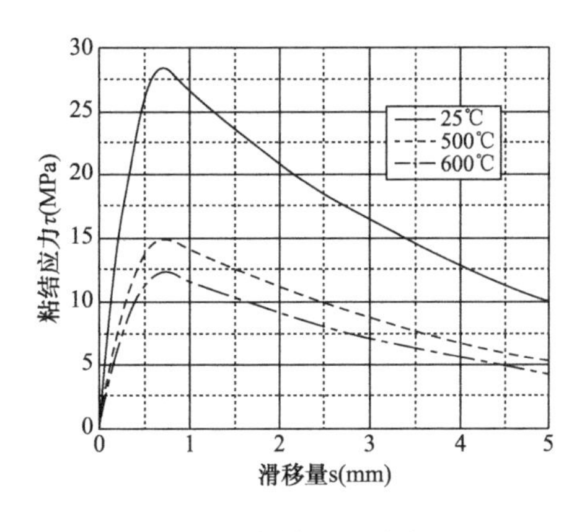

图 6.40 粘结—滑移关系

式中，F_i 为弹簧单元力，τ 为粘结应力，d 为钢筋直径，l 为相邻弹簧单元之间的距离。

2. COMBIN39 单元的输入数据

COMBIN39 单元具有两个结点，只需通过定义弹簧单元的实常数 F-D 曲线来定义非线性弹簧的受力性能。对于单向弹簧，其长度可以为零，这为模拟钢筋与混凝土间的粘结—滑移提供了便利。单元的几何形状、结点位置和坐标系如图 6.41 所示。在结构分析中，曲线上的各点代表力—平动位移关系或者弯矩—转动位移关系，作为单元实常数输入；输入的荷载—变形曲线从第三象限（压区）递增至第一象限（拉区）。相邻点之间的变形差与输入的总变形差不能小于 1E-7，并且最后一个变形值必须为正值。超出所定义的荷载—变形曲线范围后，荷载—变形关系沿最后一段曲线的斜率延伸。

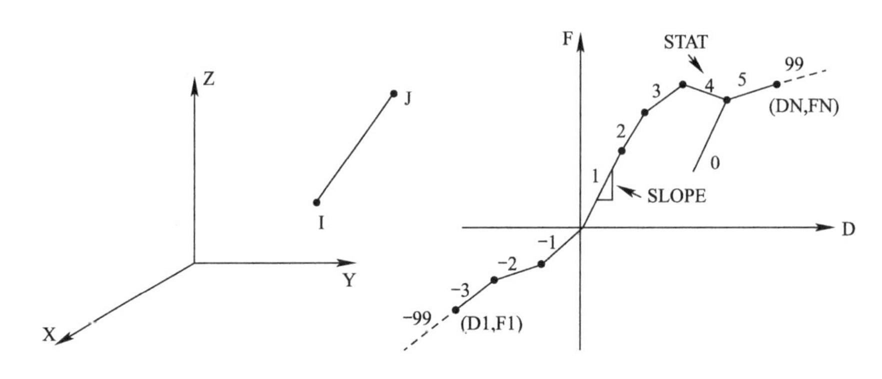

图 6.41 弹簧单元的几何特征与 F-D 曲线

每段线的斜率可正可负，但是通过原点的斜率必须为正。在设置关键字 KEYOPT(1)＝1（非保守力卸载）的情况下，末端的斜率不可为负。同时，二、四象限内不得定义荷载—变形点，其他各段斜率不得大于通过原点的那一段；设置 KEYOPT(1)＝0（保守力卸载）。若设置关键字 KEYOPT(2)＝1（不能承受压力），则荷载—变形曲线不得延伸到第三象限内；设置 KEYOPT(2)＝0，受压部分使用受拉部分的镜像，这一选项可使得用于定义曲线的点数（最多 20 个）实现翻倍的效果。当结点只有一个自由度时，通过关键字 KEYOPT(3) 可选定自由度的类型；设置 KEYOPT(3)＝3，沿 Z 方向平动。KEYOPT(4) 用来控制二维或三维单元时自由度的类型，设置 KEYOPT(4)＝0（三维轴向单元）。KEYOPT(6) 控制单元输出，设置 KEYOPT(6)＝0（基本单元输出）。

6.9.4　网格的划分及单元的生成

本章前面的部分通过梁式试验研究了细晶粒钢筋和高性能混凝土高温后的粘结锚固性能，粘结长度包括 10d 和 5d 两种情况；有限元数值模拟时将增加全梁粘结的情况，参考图 6.2 中模型梁的外形参数建立有限元模型。

钢筋混凝土结构是由钢筋和混凝土两种材料组成，进行有限元分析时如何合理离散化结构对结果计算精度起到至关重要的作用。钢筋混凝土有限元模型按建模方法的不同，可分为分离式、组合式和整体式三种模型。采用分离式模型，同时考虑钢筋与混凝土之间的粘结—滑移，建立三维空间模型。确定材料模型和单元类型之后，结合粘结—滑移本构关系与 F-D 曲线转换技术，可按以下步骤建立有限元模型：

（1）按自上而下的步骤建立几何模型，建立混凝土块体和加载处及支座处弹性垫块（防止应力集中）。

（2）通过平移和旋转工作平面对几何模型进行切割，生成关键线；指定关键线上的单元尺寸。

（3）选择合适的材料类型、实常数、单元类型对混凝土块体和垫块划分单元。

（4）根据混凝土单元结点，生成纵向受压筋单元（此时未考虑粘结滑移）和箍筋单元，压缩重复结点。

（5）在原位置复制纵向受拉钢筋处的混凝土单元结点，利用新生成的结点建立受拉筋单元。

（6）用弹簧单元连接受拉纵筋单元的结点和与其重合的混凝土单元结点。

注：压缩结点一定要在生成纵向受拉筋之前，否则相同位置的结点将合并为一个结点，无法建立弹簧单元。

根据上述的建模方法，得到梁的有限元模型。图 6.42（a）为混凝土单元的划分情况，图 6.42（b）为纵筋和箍筋单元。书中弹簧单元的 i、j 端具有相同的几何位置，无几何尺寸。

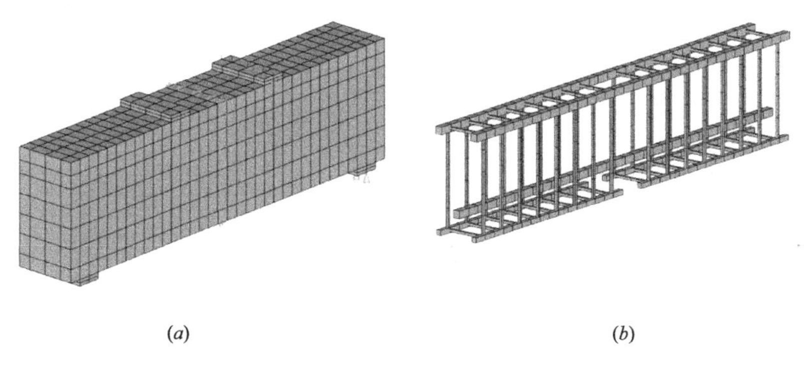

（a）　　（b）

图 6.42　有限元模型

（a）混凝土单元划分；（b）钢筋单元

6.9.5 结果分析

选中有限元模型支座垫块底层的中间一排结点，施加竖向位移约束。为便于结果分析，选中加载处垫块顶部中间一排结点，耦合其竖向自由度，在耦合结点上采用位移控制的加载方式。设置收敛准则为力—位移双参数控制；纵向受拉钢筋屈服前，模型计算稳定且收敛良好。

基于ANSYS强大的后处理功能，可以得到钢筋的轴向应力图，见图6.43。图6.43（*a*）、（*b*）和（*c*）依次是全梁粘结、粘结长度10*d*和5*d*时常温下钢筋的应力；左侧是整体图，右侧是纵向受拉钢筋沿钢筋长度方向的应力分布细节。从图可见：

（1）常温下全梁粘结、粘结长度10*d*和5*d*状态下，梁达到极限承载力时中纵筋均已屈服。

（2）钢筋的应力在粘结长度范围内从中间向梁端递减；体现了粘结应力沿钢筋纵向的不均匀分布。

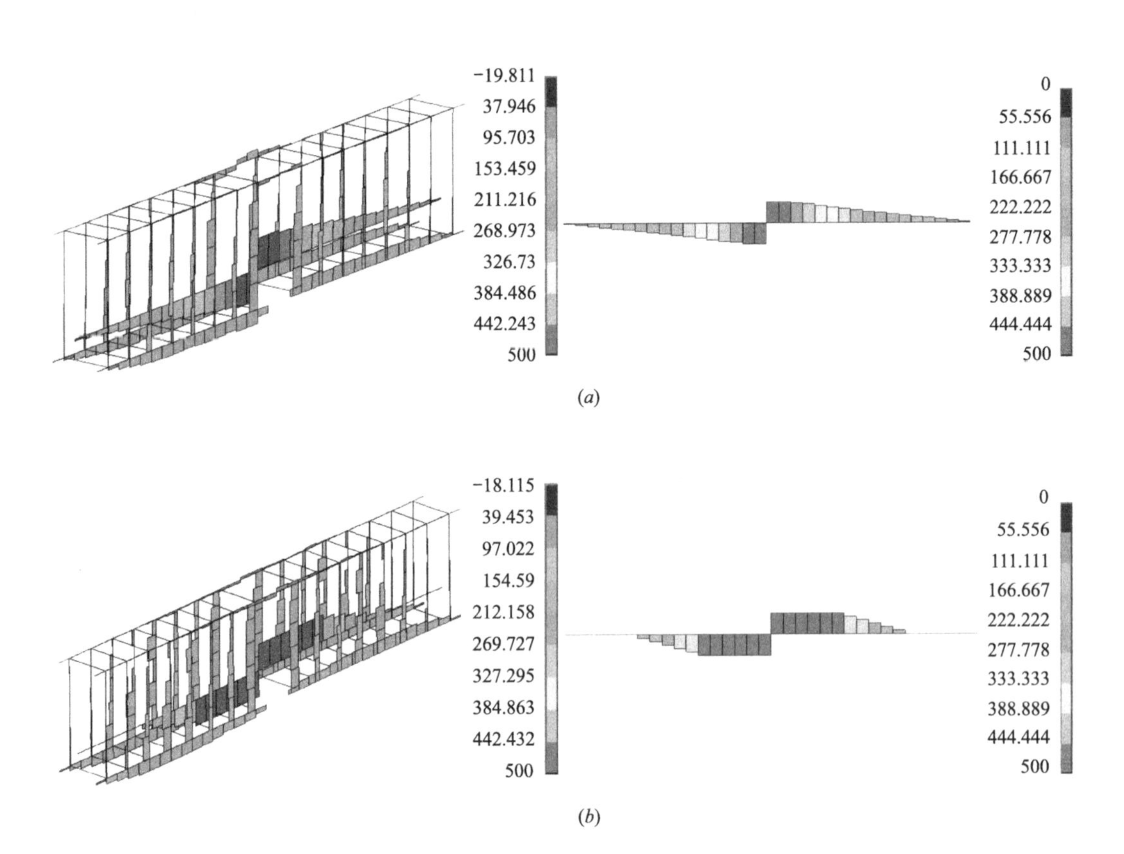

图6.43 钢筋轴向应力（单位：MPa）（一）

（*a*）全梁粘结；（*b*）粘结长度10*d*

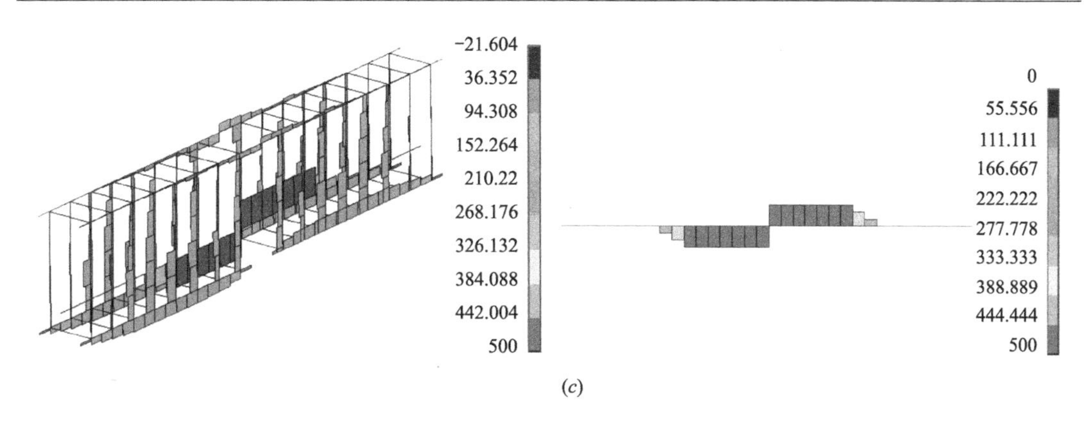

图 6.43　钢筋轴向应力（单位：MPa）（二）

(c) 粘结长度 5d

(3) 全梁粘结状态下，钢筋的屈服部位仅限于跨中较小的范围内。粘结长度为 10d 或 5d 时，跨中整个无粘结区域钢筋同时达到屈服强度，屈服的区间较全梁粘结状态大。

图 6.44 是常温下模型梁达到极限承载力时的混凝土单元应力云图；图 6.45 是常温下模型梁初始开裂时的裂缝发展情况。从图中可见：

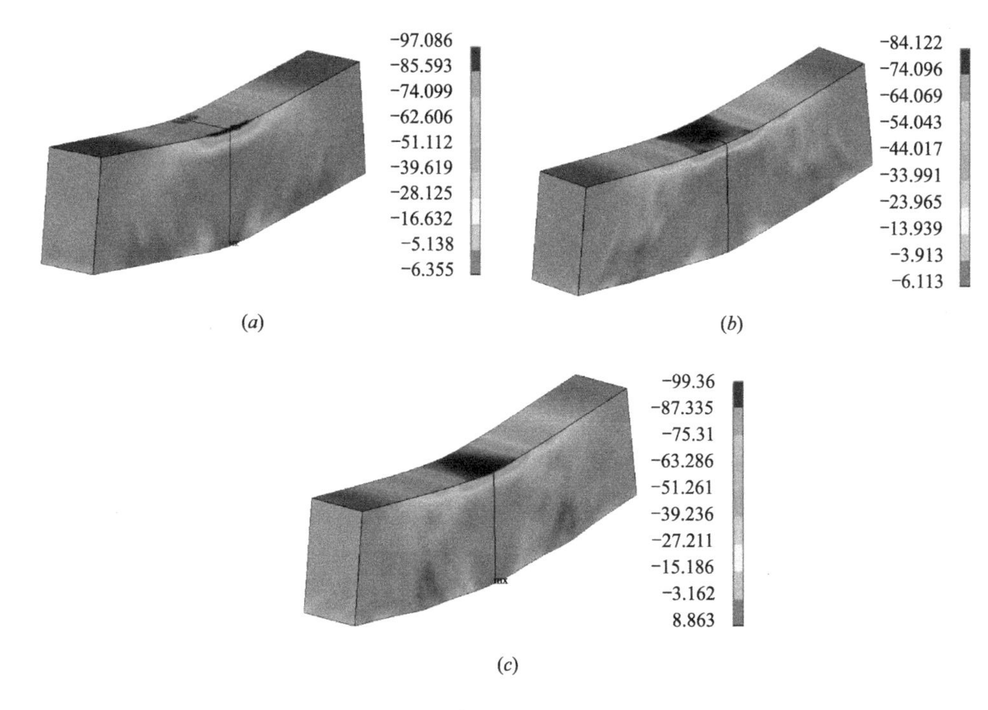

图 6.44　混凝土单元应力云图（单位：MPa）

(a) 全梁粘结；(b) 粘结长度 10d；(c) 粘结长度 5d

(1) 常温下全梁粘结、粘结长度 10d 和 5d 状态下，梁破坏时混凝土压应力已超过单轴极限抗压强度。

(2) 结合图 6.45 可知，常温下模型梁在三中粘结状态下具有适筋梁的破坏特征；梁底部混凝土开裂后，随荷载的增大裂缝加大钢筋屈服，受压区高度迅速降低，最终混凝土被压碎。

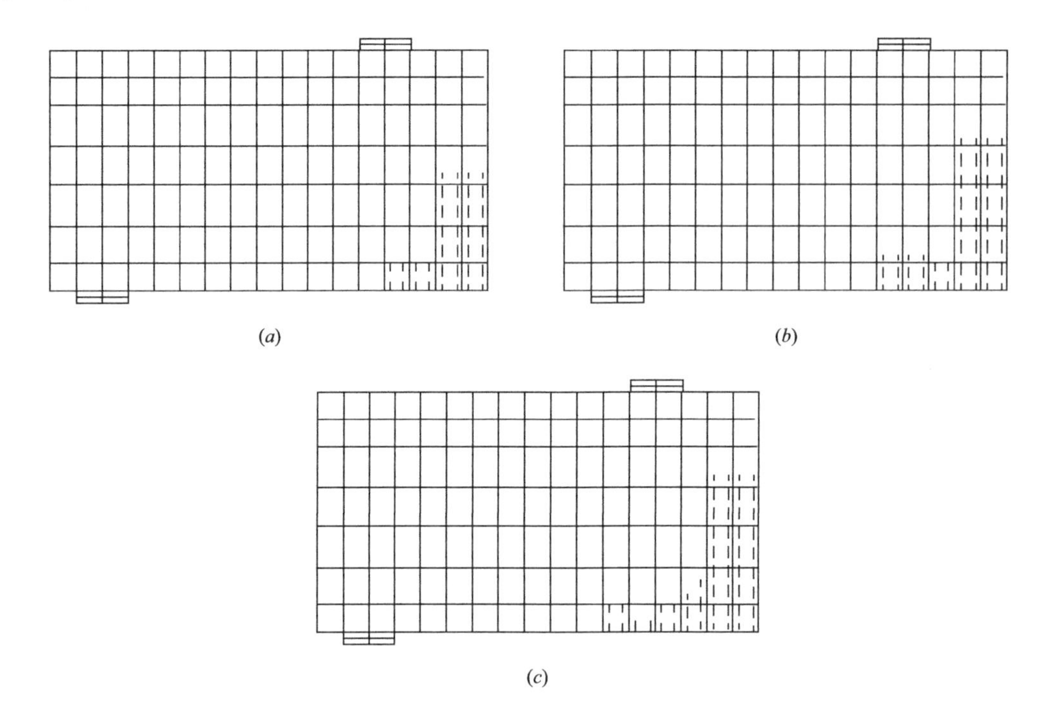

(*a*) (*b*) (*c*)

图 6.45 混凝土初次开裂情况

(*a*) 全梁粘结；(*b*) 粘结长度 10d；(*c*) 粘结长度 5d

(3) 随着粘结长度的降低，混凝土初始开裂的范围和深度都增大，但是应当指出，粘结长度越小，梁初次开裂时随对应的跨中挠度越大；混凝土开裂时加载点的位移依次是 0.0545mm、0.0572mm、0.0626mm。

图 6.46 为粘结长度 5d 的模型梁在 500℃和 600℃温度经历后的钢筋应力，左侧是整体图，右侧是纵向受拉钢筋沿钢筋长度方向的应力分布细节。图 6.47 为 500℃和 600℃温度经历后的混凝土应力云图。从图中可见：

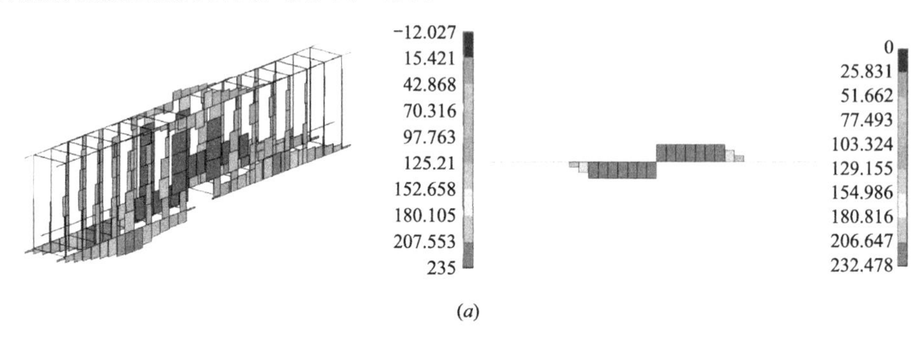

(*a*)

图 6.46 高温后钢筋轴向应力（单位：MPa）（一）

(*a*) 500℃

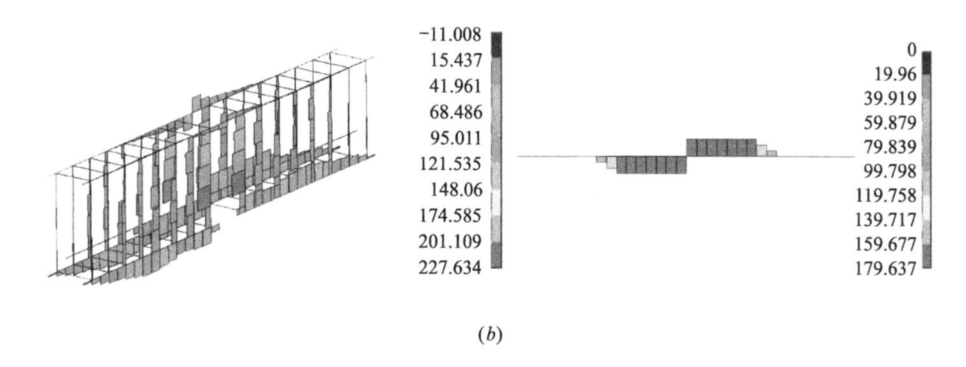

(*b*)

图 6.46 高温后钢筋轴向应力（单位：MPa）（二）

(*b*) 600℃

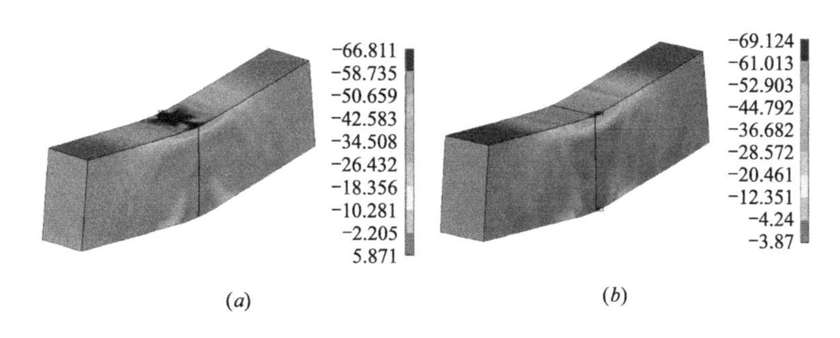

(*a*) (*b*)

图 6.47 高温后混凝土单元应力云图（单位：MPa）

(*a*) 500℃；(*b*) 600℃

（1）模型梁在 500℃和 600℃温度经历后，纵向受拉钢筋未达屈服强度。温度经历越高，纵向受拉钢筋中的最大拉应力越低。

（2）模型梁在 500℃和 600℃温度经历后，混凝土的最大压应力均超过相应温度经历的立方体混凝土试块的单轴抗压强度。

（3）在破坏形式上，500℃和 600℃温度经历后的模型梁与超筋梁的破坏形式相近，受拉钢筋未屈服而混凝土应力达到极限抗压强度；与超筋破坏的不同之处在于受压区高度并未比常温下提高。因此，初步推断 500℃和 600℃温度经历的模型梁发生了锚固破坏，钢筋的强度未得到充分发挥。

图 6.48 为荷载挠度曲线 ANSYS 数值模拟结果与试验结果的对比。从图可见，数值模拟结果和试验结果比较接近，三种温度经历的混凝土梁的数值模拟结果略低于试验结果。主要原因可能包括：

（1）钢筋的抗拉强度取为 500MPa，低于第 4 章中 620MPa 的实测数据。

（2）钢筋的直径通常指公称直径，而由第 4 章图 4.10 可知，由于钢筋横肋和纵肋的影响，钢筋的实际直径要比公称直径略大。

（3）文中采用的粘结—滑移关系曲线存在精度问题。

根据弹簧单元 COMBIN39 的 F-D 曲线，可以很方便的得到加载过程中的粘结—滑移曲线，将数值模拟结果和试验结果对比于图 6.49 中。

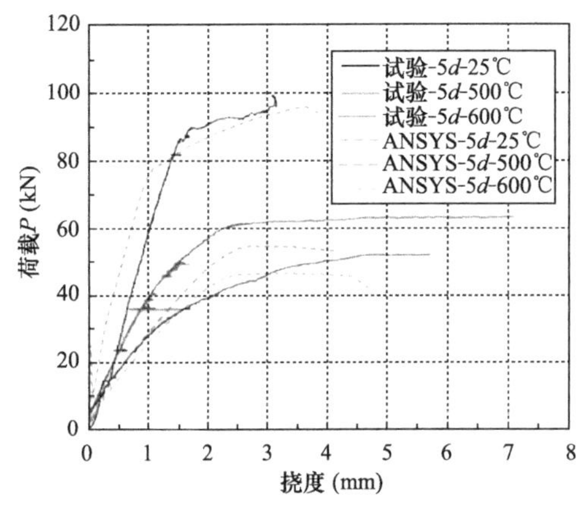

图 6.48　荷载位移曲线

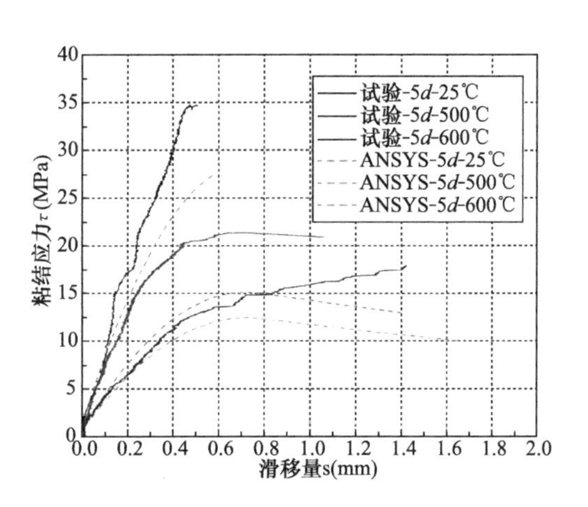

图 6.49　弹簧单元粘结—滑移关系曲线与试验对比

仔细对比图 6.49 和图 6.40 可知，数值模拟过程中钢筋和混凝土的粘结—滑移严格按输入的关系曲线执行；而且在 500℃和 600℃温度经历的梁中还出现了下降段；显然，发生了锚固破坏。从图中可见，粘结—滑移关系曲线的数值模拟结果与试验结果差别较大，各温度工况下数值模拟结果均小于实测数值。主要原因是书中第 4 章高温后粘结—滑移理论公式中混凝土弹模和抗拉强度的取值存在不足，详细分析见第 4 章。

6.10　本章小结

本章首先介绍了梁式粘结锚固试验的方案设计，然后对高性能混凝土试块和模型梁进行了高温试验，测量了高温后高性能混凝土的残余抗压强度、梁的粘结—滑移关系曲线，对粘结—滑移关系曲线和细晶粒钢筋与高性能混凝土之间的粘结锚固性能进行了分析。根据模型梁的外形参数建立了有限元数值模型，结合第 4 章理论分析得出的粘结—滑移本构模型实现了变参数数值模拟。本章得到的主要结论如下：

（1）常温下（25℃）下，随着竖向荷载的增加，梁跨中缺口处出现竖向裂缝，裂缝不断的扩大，梁的变形随之增加，中性轴上移，最后受压处混凝土破坏。整个加载的过程，梁的支座处可以观察到数条微小的斜裂缝，梁其他部位无肉眼可见裂缝出现，自由端滑移量很小，梁的锚固性能良好，破坏形式与适筋梁相似如图 6.16 所示。

（2）温度经历为 200℃的梁式试件，其破坏过程和常温下梁的破坏过程几乎一致，破坏时的峰值荷载也和常温下梁式试件相差无几。裂缝的出现部位和发展趋势也和25℃下梁的情况没有太大的变化，如图6.17所示。

（3）温度经历为400℃的梁式试件的破坏过程和常温下25℃、经历200℃高温的梁的破坏过程几乎一致，也是梁中部先出现竖向裂缝，破坏时的峰值荷载和前面两个温度经历下梁的峰值荷载也没有太大的减小。唯一不同的是，不仅在梁跨中缺口处、梁端的支座处发现裂缝，而且在跨中到支座的这段区域也出现了微小的竖向裂缝，但是此类裂缝的发展均未到达梁腹，初步分析此类裂缝的形成与钢筋的销栓作用有关，体现了与拔出试验的不同；自由端滑移量明显，锚固性能开始退化，如图6.18所示。

（4）温度经历为500℃的梁式试件，梁跨中缺口最先出现竖向裂缝，然后是梁支座处出现斜裂缝。随着荷载的增大，竖向裂缝发展迅速。梁的刚度比前面几个温度工况有明显降低。梁破坏时无明显征兆，峰值荷载也较经历400℃高温的梁峰值荷载小了许多，自由端滑移量较大，结合破坏特征可知梁的锚固已经失效，如图6.19所示。

（5）温度经历为600℃的梁式试件有2种：A粘结长度为5d、B粘结长度10d。2种梁初始裂缝出现部位与发展情况与500℃梁的情况类似。破坏时A梁的挠度明显比B大，可以明显观察到A梁端部钢筋的滑移值，锚固失效严重，如图6.21所示。破坏形式分别见图6.20和图6.22。

（6）常温下，细晶粒钢筋与高性能混凝土具有良好的粘结锚固性能；随温度的增加，粘结性能将逐渐退化；400℃温度经历前，高温作用对粘结性能的影响较小，之后粘结性能迅速降低；自由端发生滑移的时间滞后于加载端，体现了粘结应力在传递长度上的不均匀分布；结合图6.25～图6.27和基础参数试验中温度对化学胶着力的影响可知，400℃温度经历前粘结刚度的降低原因是化学胶着力和材性退化的结果，而400℃温度经历后粘结刚度的降低主要是混凝土材性退化所致。

（7）数值模拟结果表明，常温下全梁粘结、粘结长度10d和5d状态下，梁达到极限承载力时纵筋均已屈服。钢筋的应力在粘结长度范围内从中间向梁端递减。全梁粘结状态下，钢筋的屈服部位仅限于跨中较小的范围内。粘结长度为10d或5d时，跨中整个无粘结区域内钢筋皆达到屈服强度，屈服的区间较全梁粘结状态大。在500℃和600℃温度经历后，纵向受拉钢筋未达屈服强度。温度经历越高，纵向受拉钢筋中的最大拉应力越低。混凝土的最大压应力均超过相应温度经历的立方体混凝土试块的单轴抗压强度（由混凝土破坏准则决定）。在破坏形式上，500℃和600℃温度经历后的模型梁与超筋梁的破坏形式相近，受拉钢筋未屈服而混凝土应力达到极限抗压强度；与超筋破坏的不同之处在于受压区高度并未比常温下提高。因此，500℃和600℃温度经历的模型梁发生了锚固破坏，钢筋的强度未得到充分发挥。

参 考 文 献

[1] Nilson S. M.. Bond stress-slip relationship in reinforced concrete. 1971，Rep. No. 345，Dept. of Structure Engineering，Cornell Univ.，Ithaca，N. Y..

[2] Saeed M. Mirza and Jules Houde. Study on bond stress-slip relationships in reinforced concrete [J]. ACI Journal，1979. Jan. p19-46.

[3] Tassios T. P.，Yannopoulos P J. Analytical studies on reinforced concrete members under cyclic loading based on bond stress-slip relationships [J]. ACI Journal，1981，78 (3)：206-216.

[4] 徐有邻. 变形钢筋—混凝土粘结锚固性能的试验研究 [D]. 北京：清华大学，1990.

[5] 朱伯龙，陆洲导，胡克旭. 高温（火灾）下混凝土与钢筋的本构关系 [J]. 四川建筑科学研究，1990 (1)：37-43.

[6] 谢狄敏，钱在兹. 高温作用下混凝土抗拉强度与粘结强度的试验研究 [J]. 浙江大学学报，1998，32 (5)：597-602.

[7] 袁广林，郭操. 高温下钢筋混凝土粘结性能的试验与分析 [J]. 工业建筑，2006，36 (2)：57-60.

[8] Diederichs U.，Schneider U.. Bond strength at high temperatures [J]. Magazine of Concrete Research，1981，33 (115).

[9] Morley P. D.，RoylesR.. Response of the bond in reinforced concrete to high temperatures [J]. Magazine of Concrete Research，1985，35 (123).

[10] Royles R.，Morley P. D.. Further response of the bond in reinforced concrete to high temperatures [J]. Magazine of Concrete Research，1985，35 (24).

[11] 黄均亮. 高温后高性能混凝土和带肋钢筋间粘结滑移性能研究 [D]. 上海：同济大学，2008.

[12] 混凝土结构试验方法标准 GB 50152—2012 [S]. 北京：中国建筑工业出版社，2012.

[13] 吴波，梁悦欢. 高温后混凝土和钢筋强度的统计分析 [J]. 华南理工大学学报（自然科学版），2008，36 (12)：13-20.

[14] Mohamedbhai G. T. G.. Effect of exposure time and rates of heating and cooling on residual strength of heated concrete [J]. Magazine of Concrete Research，1986，38 (136)：151-158.

[15] 董香军，丁一宁，王岳华. 高温条件下混凝土的力学性能与抗爆裂 [J]. 工业建筑，2005 (35)：703-716.

[16] 李引擎. 混凝土在火作用下的爆裂 [J]. 建筑结构，1987 (4).

[17] 朋改非，陈延年，Mike Anson. 高性能硅灰混凝土的高温爆裂与抗火性能 [J]. 建筑材料学报，1999，2 (3)：193-198.

[18] Phan L. T.，Carino N. J.. Review of mechanical properties of HSC at elevated temperature

[J]. Civil Engineering, 1998. 10 (1): 58-64.

[19] Sanjayan G., Stocks L. J.. Spalling of high strength silica fume concrete in fire [J]. ACI Materials Journal, 1993, 90 (2): 170-173.

[20] Khoylou N., England G. L.. The effect of moisture on spalling of normal and high strength concrete [R]. Worldwide Advances in Structural Concrete and Masonry, Chicago, Illinois, 1996, 4: 15-18.

[21] Yin Chan Sammy, Peng Gaifei, Anson Mike. Fire behavior of high-performance concrete made with silica fume at various moisture contents [J]. ACI Materials Journal, 1999, 5 (6).

[22] 徐志胜. 高温作用后混凝土强度试验研究 [J]. 混凝土, 2000 (2).

[23] 肖建庄, 王平等. 矿渣高性能混凝土高温后受压本构关系试验 [J]. 同济大学学报 (自然科学版), 2003, 31 (2).

[24] 袁杰, 吴波. PP纤维高强混凝土的和易性及高温后抗压强度的试验研究 [J]. 混凝土, 2001 (3).

[25] 刘利先, 吕龙, 刘铮等. 高温下及高温后混凝土的力学性能研究 [J]. 建筑科学, 2005, 21 (3): 16-20.

[26] 肖建庄, 黄均亮, 赵勇. 高温后高性能混凝土和细晶粒钢筋间粘结性能 [J]. 同济大学学报 (自然科学版), 2009, 37 (10): 1296-1301.

[27] RobertJ.. Hansen. Behaviour of bond under dynamic loading [J]. ACI Journal. 1962, (1).

[28] 清华大学编.《地下防护结构》[M]. 北京: 中国建筑工业出版社, 1982.

[29] 洪小健. 不同加载速度下锈蚀钢筋与混凝土粘结滑移试验研究 [D]. 上海: 同济大学, 2001.

[30] ANSYS中国公司. ANSYS基本过程手册 [M]. 2000.

[31] 江见鲸, 陆新征, 叶列平. 混凝土结构有限元分析 [M]. 北京: 清华大学出版社, 2004.

[32] 刘佩玺, 徐永清, 刘福胜. 钢筋混凝土结构粘结滑移分析在ANSYS中的实现 [J]. 山东农业大学学报 (自然科学版), 2007, 38 (1): 125-130.

[33] 杨勇, 郭子雄, 聂建国等. 型钢混凝土结构ANSYS数值模拟技术研究 [J]. 工程力学, 2006, 23 (4): 79-85.

[34] 陆新征, 江见鲸. 利用ANSYS Solid65单元分析复杂应力条件下的混凝土结构 [J]. 建筑结构, 2003, 33 (6): 22-24.

[35] RILEM-FIP-CEB. Tentative Recommendation-Bond test for reinforcingsteel [J]. Materials and Structures, 1973.

第7章　结论与展望

7.1　结论

本书通过试验研究、数值模拟及理论分析等方法研究了高温后细晶粒钢筋与高性能混凝土之间的粘结滑移性能。试验研究主要包括高温后高性能混凝土的材性试验、粘结滑移基础参数试验、高温后钢筋拉伸试验及梁式粘结锚固试验；数值模拟包括基于接触分析的局部粘结—滑移和基于模型梁外形参数的高性能混凝土与细晶粒钢筋的粘结—滑移数值模拟技术研究。理论分析主要是从弹性力学的经典解答出发，推导了基于锥楔作用粘结机制的数学力学模型，主要结论如下：

(1) 经历的温度越高，高性能混凝土高温后的立方体抗压强度越低；对于高性能（高强）混凝土，当经历的温度低于400℃时，混凝土强度已经开始下降，折减系数为0.61～0.84；而普通混凝土强度基本上没有降低，折减系数约为0.94～1；当经历超过400℃的高温作用后，高性能混凝土抗压强度大幅下降，经历800℃高温后，混凝土强度折减系数为0.14～0.2。

(2) 高强混凝土与轧制钢的化学胶着力随温度经历的提高而线性降低，当温度经历超过400℃后，钢板在不均匀膨胀的作用下时有脱落，导致变异系数增大。建议对与温度经历超过400℃的粘结滑移问题不计入化学胶着力的影响。通过试验研究发现，高温后混凝土间的摩擦系数在0.5～0.6之间，轧制钢与混凝土之间的摩擦系数在0.25～0.35之间。动、静摩擦系数均随经历温度的升高基本不变。拔出试验中，钢筋和混凝土的界面损伤后，不断有混凝土粉末被刮出是致使横向压力迅速降低的主要原因；横向压力的衰减是导致刮出式破坏中粘结滑移本构曲线出现下降段的主要原因。粘结强度随横向压力的提高而增大，粘结滑移关系曲线的下降段与横向压力的衰减曲线发展趋势相似；高温后高强混凝土材性退化致使混凝土试块不能承受更高的横向压力是粘结性能降低的主要原因之一。

(3) 高温后，直到经历温度达到700℃，细晶粒钢筋的屈服平台依然存在，应力—应变曲线依然有着明显的屈服阶段和强化阶段，只是随着经历温度的升高，曲线逐渐软化。高温下HRBF500细晶粒钢筋的极限强度随温度变化（常温到700℃）的规律和普通热轧钢筋的计算曲线很相近。高温后，细晶粒钢筋所经历的温度低于500℃时，其应力—应变曲线几乎与常温下钢筋的应力—应变曲线重合。在经历相同的温度后，无论是屈服强度，极限强度还是弹性模量，高温后都比高温下的性能有了较大的恢复。

（4）随钢筋直径的增加粘结应力降低，开裂滑移量增大。粘结滑移本构关系的下降段可用负指数函数表示，混凝土的损伤和摩擦系数的降低是粘结滑移本构下降段呈负指数衰减规律的原因。对于圆形配箍试件，混凝土相对保护层厚度（c/d）过大对粘结本构的下降段有不利影响。

（5）基于ANSYS10.0的接触分析功能对不同温度经历的混凝土拔出试件进行了数值模拟。通过合理的选择单元类型、材料模型以及各单元实常数和关键选项的设置，可以取得比较理想的结果。通过几何建模生成的隆起肋可有效地模拟咬合力，而且咬合力提供了大部分的粘结力。拔出过程中混凝土径向应力分布极其复杂，由界面附近的压应力迅速转为拉应力，在较远处趋于0。两端对拉试验通过内铣槽贴应变片的方法测量钢筋应变反算粘结应力时，测量结果会小于真实值。

（6）高温后高性能混凝土和细晶粒钢筋间的粘结强度，随经历温度的升高而降低。梁的承载力随温度经历的提高而降低；以400℃为分水岭，之前影响较小，荷载—挠度曲线几乎重合，之后承载力迅速降低；温度经历小于400℃时，纵向受拉细晶粒钢筋与混凝土之间具有良好的粘结锚固作用，钢筋可以充分的发挥其抗拉强度；梁的荷载—挠度曲线中钢筋屈服点明确，具有适筋梁的破坏特征；温度经历大于400℃时，纵向受拉细晶粒钢筋与混凝土之间的粘结锚固作用开始破坏，钢筋的抗拉强度不能充分发挥作用；梁的荷载—挠度曲线中钢筋屈服点不明确；纵向受拉细晶粒钢筋与混凝土之间的粘结锚固作用失效后，通过增加粘结长度改善锚固作用可提高梁的承载力，600℃温度经历粘结长度10d的梁比5d的梁承载力提高52.49%。

7.2　展望

粘结—滑移是混凝土结构领域的基本问题之一，本书结合新兴的细晶粒钢筋和高性能混凝土对高温后的粘结问题进行的系统的研究。但是，由于粘结问题本身的影响因素众多和复杂性，还有很多问题需要解决或加以细化。如果这些问题能够得到合理的解决，将对粘结机理的深入了解或细晶粒钢筋的推广起到良好作用。

（1）在摩擦损伤试验中存在两种不同的劈裂破坏模式：①由预留槽口向侧面发展；②由预留槽口向对面发展。主要原因是试件尺寸过小，在今后的试验研究中，建议增大槽口至侧边的距离，使裂缝向对面发展，充分发挥试件潜在的粘结性能，减少试验结果的离散性。

（2）本书基于 ANSYS10.0 的接触分析功能对不同温度经历的混凝土拔出试件进行了数值模拟。该方法为位移不连续问题的数值模拟技术开辟了新思路，是对传统有限元仿真技术的传承和延伸。然而接触滑移面的确定需要大量的试算，并结合相应的试验结果来反推定之。这样的反推过程，实际上把分析和评价的过程混合在一起，对于所试算的模型及试验，无疑是可以做到很好的吻合，但方法的通用性和可移植性仍需变化更多的试验参数（混凝土强度等级、钢筋直径、粘结长度及混凝土保护层厚度等）加以证明。

（3）本书推导了楔形体在尖部受集中力作用的位移解答，然后基于锥楔作用的受力机制建立了滑移量与位移边界条件的关系。根据拔出试验的破坏特征，将粘结滑移曲线的上升段按混凝土开裂与否分为两个阶段，分别采用不同的理论模型进行计算。但是，裂缝发展的过程是渐变的，如何建立数学模型描述这一渐变过程已成为准确描述锥楔作用的“瓶颈”。此外，滑移路径参数由以往学者试验曲线反算求得，能否准确反映混凝土的内裂过程有待于细观试验的进一步验证。

（4）一般钢筋混凝土中的钢筋都是柔性钢筋。如果将钢筋换成型钢或钢管等劲性钢筋，就形成了钢骨或钢管混凝土结构。无论是钢骨混凝土结构还是钢管混凝土结构，都有优于钢筋混凝土结构的抗震性能，是今后混凝土结构的一个发展方向。本书的高温后基础参数试验为今后的研究提供了必要的研究参数，结合 ANSYS 接触分析的建模方法，可以非常方便的搭建有限元数值模拟平台。

（5）随着社会经济的发展，结构的长期性能和防灾能力成为关注的对象。结构耐久性主要是考虑混凝土的碳化和氯离子渗透等引起的钢筋锈蚀所带来的粘结退化问题，而火灾和地震则一直是人类致力研究的问题。若这些外部因素同时作用，也就需要研究多种损伤多重作用下钢筋与混凝土间粘结性能退化的规律，探索该种情况下钢筋与混凝土粘结破坏的机理。

（6）混凝土是热惰性材料，高温后正方形混凝土截面存在较大的温度梯度，核心区域比外表温度低。粘结性能直接受钢筋外围混凝土力学性能的影响，而混凝土弹性模量的测量是基于平均意义上的，因此将带来计算误差，建议在将来的研究中将高温后混凝土材料结合温度场分布作为梯度材料研究。